Workbook Vertriebssstrategie

Der Werkzeugkasten zum Aufbauen, Analysieren und Optimieren des Vertriebs

Michael Pellny
Claudius Bähr

Michael Pellny

ist Geschäftsführer des Weissman Instituts –
die Kultur-Strategen für Familienunternehmen.
Er ist außerdem Lehrbeauftragter an der
Zeppelin University in Friedrichshafen und als
erfolgreicher und praxisorientierter Referent
in Unternehmer- und Managementseminaren
bekannt. Vor seiner Tätigkeit bei Weissman
war er Deutschland-Geschäftsführer für
Marketing und Vertrieb in einem internationalen, inhabergeführten Produktions-
unternehmen, Leiter eines Consultingunter-
nehmens für Immobilienentwicklung
sowie Dozent für Innovationsmanagement
an der Fachhochschule Heidelberg.

Claudius Bähr

ist Positionierungsexperte und begleitet
Familienunternehmen auf dem Weg zur
einzigartigen Marktposition. Mit seiner
Unterstützung werden Unternehmen als Bester
der Branche wahrgenommen, stärken damit
die eigene Identität und steigern nachhaltig
ihren Unternehmenswert. Als Präsentator,
geistiger Brandstifter und Storyteller setzt
Claudius Bähr die Kraft der Positionierung
in wertvolle Kommunikation um: nach innen
zu den Mitarbeitern und nach außen in
den Markt. So verbinden sich spielerisch
Positionierung und Kultur zum Erfolgs-
werkzeug für den Vertrieb.

Für Kundenproblemlöser.
Nicht für Verkäufer.

Die Deutsche Nationalbibliothek verzeichnet diese Publikation in der Deutschen Nationalbibliografie; detaillierte bibliografische Daten sind im Internet über http://dnb.d-nb.de abrufbar.

www.publicis-books.de

Lektorat: Dr. Gerhard Seitfudem
gerhard.seitfudem@publicispixelpark.de

Print ISBN 978-3-89578-476-7
ePDF ISBN 978-3-89578-968-7

Verlag: Publicis Pixelpark, Erlangen
© 2019 by Publicis Pixelpark Erlangen – eine Zweigniederlassung der Publicis Pixelpark GmbH

Printed in Germany

Liebe Leserinnen und Leser,

es gibt keinen Grund mehr, warum ein Entscheider in der heutigen Zeit überhaupt noch dem schwafelnden Hardseller zuhören sollte. Danke, Digitalisierung! Wenn er für sein Unternehmen online auf die Suche geht, findet er nicht nur ein vielfältiges Angebot, sondern darüber hinaus Produkterklärungen, Dienstleistungs-Empfehlungen und Bewertungen. Und: Er hat dabei seine Ruhe. Ein Vertrieb, der in den nächsten zehn Jahren zum Unternehmenserfolg beitragen soll, muss daher anders aufgestellt sein als bisher. Wie finden Sie Ihren Platz im Spannungsfeld der Digitalen Revolution und der gesättigten Märkte, ohne sich selbst überflüssig zu machen?

Besserwisser-Ratgeber zum Thema Vertrieb gibt es genug, die Erfolgsstorys von Apple, Red Bull & Co. haben wir bereits tausendfach gehört. Deshalb war es Zeit für ein Workbook mit greifbaren Beispielen aus dem „German Mittelstand". Es ist ein Praxiswerkzeug, das anregen, aufregen, nützlich sein und dafür sorgen will, dass der Vertrieb in Familienunternehmen wieder Freude macht und Erfolge bringt.

Wir wünschen Ihnen viele neue Erkenntnisse, kreative Ergebnisse und vor allem neue Begeisterung auf dem Weg vom Verkäufer zum Kundenproblemlöser.

Ihr Michael Pellny & Claudius Bähr

Inhalt

Alle TO-DOs des Buches im Überblick

So wird das Buch zu Ihrem Werkzeugkasten

Der erste Teil des Buches beschäftigt sich mit den wichtigsten Fragen zu Ihrer Vertriebsstrategie. Checklisten und Projektpläne geben Ihnen die Möglichkeit, das Gelesene auf Ihr Unternehmen anzuwenden, Engpässe oder Lücken zu erkennen und so erste Überlegungen zu Ihrer individuellen Strategie zu sammeln. Erfolgsgeschichten deutscher Familienunternehmen dienen als Inspiration, den eigenen Weg kritisch zu hinterfragen und den Blick für frische Ideen zu schärfen.

Kernstück des Buches sind die „16 Elemente einer wirksamen Vertriebsstrategie". Den vier Bereichen Markt/Kunde, Organisation/Prozesse, Führung und Mitarbeiter sind jeweils vier Elemente zugeordnet, die Sie nach und nach abklopfen und für Ihr Unternehmen untersuchen werden. Auch hier setzen Sie sich mit verschiedenen Ansätzen und Aufgabenstellungen auseinander, die sich direkt anwenden und umsetzen lassen.

Dieses Buch ist, was Sie daraus machen: Schreiben Sie hinein, blättern Sie zurück, denken Sie weiter. Nur so wird aus dem Input ein Output, der Sie erfolgreich in die Zukunft tragen und mehr Freude für Ihren Vertrieb bringen kann.

Teil I

Die Basics

1 Be different or die

Die Entscheider von heute sehen sich einem Überfluss an Produkten, Dienstleistungen und Marken gegenüber. Viele davon gleichen sich wie ein Ei dem anderen, egal in welcher Branche man sich umsieht. Haben Sie schon einmal gegoogelt, wie viele Speditionsunternehmen es allein im deutschsprachigen Raum gibt? Wie soll man sich in einem derart übersättigten Markt vom Wettbewerb abheben?

Wer sich von seinen Wettbewerbern nicht sichtbar attraktiv unterscheidet, wird am Ende in einen zerstörerischen Preiskampf verwickelt, der den Bestand des Unternehmens gefährdet. Für erfolgreiche Unternehmen gilt deshalb heute mehr denn je:

 *Sei du selbst, sei anders.*
Alle anderen gibt es schon.

Wir haben viel zu viele ähnliche Firmen, die ähnliche Mitarbeiter beschäftigen mit einer ähnlichen Ausbildung, die ähnliche Arbeiten durchführen. Sie haben ähnliche Ideen und produzieren ähnliche Dinge zu ähnlichen Preisen in ähnlicher Qualität. Wenn Sie mit Ihrem Unternehmen dazugehören, werden Sie es künftig sehr schwer haben. Preiskämpfe und Rabattschlachten werden dazu führen, dass das Unternehmen nicht mehr die nötige Rentabilität erwirtschaftet, um zu überleben und zu wachsen.

Der Entscheider hat die Macht

Die Digitalisierung vervielfacht die Wahlmöglichkeiten eines Entscheiders explosionsartig, denn sie macht es möglich, auch stark differenzierte Wünsche zu erfüllen. Damit steigt die Erwartungshaltung. Hohe Qualität alleine ist kein Unterscheidungsmerkmal mehr. Sie wird als selbstverständlich erwartet. Der Entscheider kann aus vielen verschiedenen Marken, Modellen und Leistungen wählen. Die zahlreichen Möglichkeiten führen dazu, dass er immer unberechenbarer wird und je nach Angebot und Bequemlichkeit den Anbieter wechselt. Er bleibt einem Anbieter nur noch treu, wenn seine Erwartungshaltung bis ins kleinste Detail erfüllt wird. Selbst attraktive Marken haben es heute weitaus schwerer als früher.

Emotion gewinnt

Einen höheren Preis wird der Entscheider nur für ein Produkt oder eine Dienstleistung bezahlen, die er so woanders nicht erhält oder die ihm einen weit höheren Nutzen bietet. Es sind der Status und die Emotion, die er mit einer Premiummarke verbindet, der Wunsch, etwas Außergewöhnliches zu besitzen, etwas, nach dem sich andere umdrehen, etwas, das sein Lebensgefühl ausdrückt. Nicht umsonst werben viele erfolgreiche Unternehmen mit Emotionen. Edeka wirbt mit „Wir lieben Lebensmittel", Picard verkauft Produkte „Made with love", Aktion Mensch wirbt mit „Das Wir gewinnt" und der Bio-Energydrink Acáo verspricht „Von Natur aus wach". Erfolgreiche Unternehmen lassen sich nicht auf einen ruinösen Preiskampf ein. Sie bieten ihren Kunden statt günstiger Preise und Rabatte Emotionen wie Ansehen, Sicherheit, Freude, Spaß oder einfach ein gutes Gefühl, zum Beispiel weil sie ein umweltfreundliches Auto fahren, regionale Produkte kaufen oder für die Zukunft vorsorgen. Solche Unternehmen verfügen meistens über eine starke Marke, häufig gepaart mit hoher Innovations- und digitaler Kompetenz mit ausgeprägter Kundennähe.

Good Times

Der Mountainbike-Spezialist YT Industries wurde 2008 von Markus Flossmann gegründet, ein Jahr später stieß Stefan Willared dazu. Ziel war es, jungen Talenten – YT steht für Young Talents – ein bezahlbares High-end Bike zu bieten. In nur acht Jahren ist es dem Forchheimer Unternehmen gelungen, sich eine Spitzenposition im Segment „Gravity" zu erobern, das Downhill-, Dirt-Jump-, Freeride- und Endurobikes umfasst. Die Mountainbikes von YT haben nicht nur Designpreise gewonnen und wurden Testsieger in Fachmagazinen: Laut einer Leserumfrage des weltweit zweitgrößten Online-Mountainbike-Magazins „vital-mtb" gehört YT zu den Top 3 MTB-Gravity-Marken weltweit und ist Top 1 in Europa. Auch Szenegrößen wie Andreu Lacondeguy, Cam Zink und Aaron Gwin setzen auf die eigenentwickelten Carbon- und Aluminiumrahmen aus der fränkischen Provinz und fahren für YT.

Entscheidenden Anteil am Erfolg des Unternehmens hatten zwei Fragen, die sich Markus Flossman stellte: Was macht Mountainbiken mit mir? Und was soll es für unsere Kunden tun? „Auf den Fotos und in den Videos der Wettbewerber sieht man verzerrte Gesichter, die Biker quälen sich das letzte Quäntchen Leistung ab. Ich habe mir überlegt, weshalb ich selbst ursprünglich mit Mountainbiken angefangen habe. Die Antwort war einfach: Ich wollte eine gute Zeit haben. Und genau das wollen wir unseren jungen Kunden bieten – ein Lebensgefühl, Good Times auf einem 1A-Bike", so Flossmann. Dieses gute Gefühl soll sich in allem widerspiegeln, was mit dem Rad zu tun hat: vom ersten Besuch auf der Website über den Service beim Verkaufsabschluss bis zur ersten Fahrt mit dem neuen Bike. Das Credo hat also direkten Einfluss auf Produkt, Vertrieb, Marke, Partner und Mitarbeiter. „Good Times – das erreichen wir nur, wenn wir echt sind und uns nicht hinter einer Marketing-Maske verstecken."

Vertrauen aufbauen

Je austauschbarer ein Produkt oder eine Dienstleistung ist, desto wichtiger sind die begleitenden emotionalen Faktoren. Ein Unternehmer sagte dazu: „Manchmal haben wir die besseren Produkte, manchmal haben die anderen die Nase vorn. Bei Waffengleichheit möchte ich gewinnen, weil wir sympathischer sind." Diese Aussage weist auf einen entscheidenden Punkt in unseren Kundenbeziehungen hin: Geschäfte werden immer zwischen Menschen gemacht. Es geht um Sympathie, Emotion und Verständnis. In Zukunft wird ein wesentlicher Teil des Unternehmenserfolgs in der Fähigkeit bestehen, Beziehungen aufzubauen. Entscheider, die einem Unternehmen vertrauen, weil ihre Probleme dort verstanden und ihre Erwartungen erfüllt werden, kommen wieder.

Vertrauen ist jedoch ein fragiles Gut. Es muss bei jedem einzelnen Kontakt bestätigt werden – vom Erstgespräch über die Auftragsbestätigung bis zur Auslieferung. Egal wo, der Kontakt an jedem einzelnen Touchpoint muss gegebene Versprechen einlösen. Unternehmer und Führungskräfte sind dabei genauso gefordert wie die Telefondame in der Zentrale, der Fahrer bei der Auslieferung oder der Ansprechpartner für die Reklamation. Paradebeispiel für verlorenes Vertrauen ist die Bio-Kette Basic. Einst Star der Branche, kam der Absturz 2008 von einer Sekunde auf die andere, als der Discounter Lidl einstieg und knapp ein Viertel der Anteile hielt. Als der damals vor allem arbeitsrechtlich umstrittene Billiganbieter ein Übernahmeangebot machte, boykottierten Kunden und Lieferanten das Unternehmen. Der Glaube und das Vertrauen in die Bio-Marke waren damit verloren, Konkurrenten wie Alnatura zogen an Basic vorbei.

Erste Liga in Transport & Logistik

Im Jahr 2009 waren 85 Lkw der Elflein Spedition & Transport GmbH auf den europäischen Straßen unterwegs. Keine zehn Jahre später zählt das Bamberger Familienunternehmen 480 Lkw zu seiner Flotte. Was mit 130 Mitarbeitern begann, entwickelte sich innerhalb kürzester Zeit zu einer Erfolgsstory, an der heute circa 1.350 Menschen beteiligt sind. Verantwortlich für den Erfolg war eine zentrale Frage: „Was muss vor dem Auftrag durchdacht werden, damit die eigene Leistung für den Kunden erste Liga in Transport und Logistik ist?"

Den Kundennutzen in den Mittelpunkt zu stellen und neue Denkweisen zu integrieren, mündete in eine einzigartige Prozessstruktur: Elflein bringt die 4 Schlüsselfaktoren Flotte – Takt – Zuverlässigkeit – Strecke zeitgleich mit der für den Kunden besten Transport- und Logistiklösung in Einklang. Die Flexibilität, mit der sich Elflein so vom Wettbewerb abhob, wurde belohnt. Seit 2009 ist kein Jahr vergangen, in dem Rüdiger Elflein nicht mit einer Branchen-Auszeichnung gewürdigt wurde, zuletzt 2016, als er zum „Logistiker des Jahres" ernannt wurde. Als Pionier und Betreiber der deutschlandweit größten Fahrzeugflotte im Bereich Lang-Lkw sowie als einer der ersten Spediteure, der einen Elektro-Lkw zum Einsatz brachte, stellte Elflein abermals seine Innovationskraft unter Beweis.

TO-DO

Wie beurteilen Sie Ihre Situation heute?

Wie ist es um die Problemlösungskompetenz Ihres Unternehmen bestellt?

Was können Sie Ihren Kunden anbieten, das diesen kein anderer bieten kann?

Welchen Nutzen ziehen Ihre Kunden aus den Produkten und/oder Dienstleistungen Ihres Unternehmens?

Welche Kompetenzen befähigen Sie dazu, Ihren Kunden einen größeren Nutzen als andere zu bieten?

Kennen Sie die ungelösten Probleme Ihrer Kunden?

Wissen Ihre Kunden, dass Sie Lösungen für deren Probleme haben?

2 Die Unternehmens-strategie

Das ökonomische Basisziel jedes Unternehmen sollte lauten: Wir wollen nachhaltig profitabel bei vertretbarem Risiko gesund wachsen. Um dieses Basisziel zu erreichen, müssen Sie strategische Stoßrichtungen festlegen, die zu einer Verbesserung der Werttreiber Rendite, Wachstum und Risiko führen. Erfolgreiche Unternehmen wägen ab, welche strategischen Optionen für das Unternehmen am besten geeignet sind. Ausschlaggebend ist, welche Option zum größten messbaren Mehrwert führt.

 *In stagnierenden oder rückläufigen Märkten führen (subjektiv aus Kundensicht) austauschbare Produkte und/oder Dienstleistungen zwingend zu einer negativen Rendite.*

Es gibt drei Faktoren, die sich unmittelbar auf den Gewinn eines Unternehmens auswirken:

 ## RECHNUNG

$$\text{GEWINN} = (\text{MENGE} \times \text{PREIS}) - \text{KOSTEN} (\text{FIX} + \text{VARIABEL})$$

Weniger ist nicht immer mehr

Schon allein aufgrund dieser Überlegung muss klar sein, dass Rabattschlachten und Preissenkungen zu nichts führen. Wenn Sie für Ihre Produkte 50 Prozent Rabatt geben, müssen Sie mehr als die doppelte Menge verkaufen, um denselben Gewinn zu erzielen. Rabatte wirken sich direkt auf den Gewinn aus. Sich darauf einzulassen ist ein schneller Weg in die Pleite, wenn Sie nicht Kostenführer sind und eine wirksame Wachstumsstrategie haben. Woher kommen diese Rabattschlachten? Es ist die Austauschbarkeit aus Entscheidersicht – sie ist das Krebsgeschwür für Ihren Unternehmenserfolg.

Raus aus der Austauschbarkeit

Der einzige Weg zu gesundem Wachstum ist es, einen attraktiven, einzigartigen Mehrwert zu schaffen und sichtbar zu machen, den der Entscheider nicht ablehnen kann. Und die größte Wertschöpfung lässt sich mittlerweile nun einmal auf emotionaler Ebene erzielen, mit einer starken Marke. Wenn Sie für andere produzieren, werden Sie jetzt möglicherweise sagen: „Gut und schön, aber mein Unternehmen ist das Unternehmen im Hintergrund, das für andere Marken produziert." Doch auch dafür gibt es Lösungen. Ein Produzent für weiße Ware für andere Marken zum Beispiel unterscheidet sich durch die Menschen, durch die Mitarbeiter, und hat für sich den Slogan „we are smiling company" entwickelt.

Das Geschäftsmodell bildet die Architektur der Wertschöpfung. Daraus entwickeln Sie die Logik der Unternehmens- und der Vertriebsstrategie. Unsere Empfehlung: Arbeiten Sie in guten Zeiten an Ihrer Unternehmens- und Vertriebsstrategie. Denn in schlechten sind Sie so sehr mit der Rettung Ihres Unternehmens beschäftigt, dass Ihnen Zeit und Muße für konstruktives Denken fehlen. Der Kunde und das Marktumfeld verlangen von jedem Unternehmen hohe Flexibilität und ständige Veränderung. Doch Veränderung und Innovation brauchen Mut, und der entsteht nur in einer Vertrauenskultur. In einer Misstrauenskultur haben Sie einen langwierigen Change-Prozess vor sich, den Sie sich nicht leisten können, wenn es dem Unternehmen bereits schlecht geht. Überprüfen Sie Ihre Strategie auf Zukunftsfähigkeit, bevor Sie die Strategiekrise in die Ertragskrise und letztlich zum Verlust des Unternehmens führt.

Dazu gehört auch der Blick über den Tellerrand: Statt Digital-Start-ups als Bedrohung für Ihr traditionelles Geschäftsmodell zu sehen, sollten Sie sich fragen, ob Sie nicht voneinander profitieren können. Ein Start-up mag mehr Innovationskraft – besonders im digitalen Bereich – besitzen, aber keinesfalls mehr Erfahrung. Zwei wichtige Währungen, mit denen sich wunderbar handeln lässt.

Survival of the fittest

Unternehmen, die veränderungsbereit und veränderungsfähig sind, haben die größten Chancen, in einer sich schnell verändernden Welt vorne zu bleiben. Je schneller sie sich den sich verändernden Märkten und Kundenwünschen anpassen, desto höher die Erfolgsaussichten. Denn mit „Survival of the Fittest" meinte Darwin keineswegs die „Stärksten", wie oft falsch übersetzt wurde, sondern er beschrieb mit „fit" den Grad der Anpassung der Lebewesen an ihre Umwelt.

Unternehmen, denen es heute gut geht, wissen, dass sie in der Vergangenheit die richtigen Entscheidungen getroffen haben. Gemeinsame Ziele und Werte haben traditionsreichen deutschen Familienunternehmen den Weg zum Global Player geebnet. Doch wer sich an die Vergangenheit klammert und sich auf alten Erfolgen ausruht, kann die Zukunft nicht gewinnen. Alle Zeichen stehen auf Wandel, nur erkennen wir das nicht immer. Die Vorboten der Digitalen Revolution sind dieselben wie zu Zeiten der Industrialisierung. Damals wie heute ist uns nicht bewusst, dass wir bereits mittendrin stecken. Die Frage, ob man auf diesen Zug aufspringt, stellt sich deshalb gar nicht. Es geht allein um das Wie.

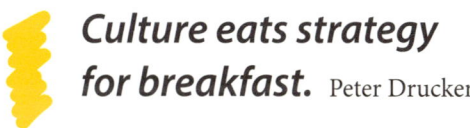 **Culture eats strategy for breakfast.** Peter Drucker

Der Weg in den Wandel ist kein einfacher; der Rucksack muss gut gepackt und die Route mit Bedacht gewählt sein. Doch das wichtigste auf einer langen, bergigen Strecke sind die richtigen Wegbegleiter. Die Mannschaft muss gemeinsam an einem Strang ziehen, fit, trainiert und gut ausgerüstet sein. Wenn alle mit Begeisterung auf das gesteckte Ziel zusteuern, sind auch Stolperfallen und Umwege kein Problem. Im Gegenteil: Wer einander vertraut und für dieselben Werte steht, findet vielleicht sogar die ein oder andere Abkürzung. Die gelebte Unternehmenskultur ist daher der Kraftstoff für Veränderungen. Ohne sie kann keine Gewinnerstrategie bestehen.

 TO-DO

Wie ist es um Ihre Unternehmenskultur bestellt?

Vertrauenskultur oder Misstrauenskultur?

_____

Sind die Mitarbeiter über die Lage des Unternehmens und die Strategie informiert und kennen sie ihre Aufgabe?

_____

Beschreiben Sie in maximal fünf Worten den Umgang zwischen Führungskräften und Mitarbeitern.

_____

_____

Lässt die Kultur Veränderung und Flexibilität zu?

_____

TO-DO

Stellen Sie das, was Ihr Unternehmen tut, hin und wieder infrage – für sich im stillen Kämmerlein oder gemeinsam mit wem?

Sind Ihre Mitarbeiter mutig genug, neue Wege zu gehen, und dürfen sie das tun?

Gehören Innovationen zur DNA des Unternehmens?

Durch welche konkreten Maßnahmen werden Innovation und Kreativität der Mitarbeiter unterstützt?

Unterstützen Organisation und Prozesse die Strategie?

RAUM FÜR IDEEN

Sind Sie ein Siegertyp?

Im Vertrieb geht es schon lange nicht mehr ums Verkaufen. Es geht vielmehr um einen ganzheitlichen Ansatz für eine einzigartige Siegerstrategie. Angesichts der immer schneller stattfindenden branchenübergreifenden Veränderung des Marktumfelds schaffen einmal etablierte Wettbewerbsvorteile keine dauerhafte, wirksame Differenzierung vom Wettbewerb. Eine langfristig wirksame Strategie geht tiefer und setzt an den Kernkompetenzen des Unternehmens an, auf denen die Wettbewerbsvorteile basieren. Nur wenn das Unternehmen über Wettbewerbsvorteile verfügt, ist ein erfolgreicher Vertrieb möglich. Dauerhafte Kundenbeziehungen basieren auf einem Nutzen, einem Werteversprechen, das die Bedürfnisse des Kunden exakt trifft, beziehungsweise seine dringendsten Probleme löst.

Wie gelingt eine Erfolgsspirale?

Indem wir uns auf das Wesentliche konzentrieren, nämlich auf die Lösung der Kundenprobleme, konzentrieren wir uns auf die Dinge, die das Unternehmen tatsächlich voranbringen. Durch unsere Problemlösungskompetenz unterscheiden wir uns von anderen Wettbewerbern. Je unterschiedlicher die Leistungen, umso größer die Harmonie und der Wohlstand. Je ähnlicher die Leistungen, desto brutaler der Verdrängungswettbewerb. Denken Sie nur an die Preisrunden bei Ausschreibungsverfahren, den Druck durch Einkäufer oder pfiffige Copy Cats aus China.

 ***Different is better when it is more effective or more fun.*** Timothy Ferriss

Solange Sie die Lösung zentraler Kundenprobleme, die Konzentration und die sichtbare Kompetenz verbinden, befinden Sie sich in der Erfolgsspirale. Fehlt nur einer dieser drei Faktoren, wird aus dem kybernetischen Schwungrad ein Teufelskreis, eine Abwärtsspirale, die sich irgendwann nur noch schwer aufhalten lässt. Austauschbare Leistung – wenige Kunden – geringer Preis – sinkende Rendite.

Kein Unternehmenserfolg ohne Strategie

 ***Nachhaltig profitabel
mit vertretbarem Risiko gesund wachsen.***

So definieren wir das Oberziel unserer Strategie. Um dies zu erreichen, müssen strategische Stoßrichtungen festgelegt werden, die zu einer Verbesserung der Werttreiber Wachstum und Rendite führen sowie zu einer Reduzierung der Risiken. Die Stoßrichtungen ergeben sich aus der Weiterentwicklung der Kernkompetenzen, der Auswahl der Geschäftsfelder, der strategischen Positionierung und der Gestaltung der Wertschöpfungskette. Ausschlaggebend ist, welche Option zum größten messbaren Mehrwert führt.

Wachstumsstrategien

- Verdrängung
- Innovation
- Kooperation
- Zukauf

Rentabilitätsstrategien

- Reduzierung der Kosten
- Optimierung der Kapitalbindung in Anlage- und Umlaufvermögen
- Produktivitätssteigerung
- Entwicklung einer Marke

Risikoorientierte Strategien

- Reduzierung von Risiken
- Steigerung des Risikodeckungspotenzials

3 Der Schneemann des Erfolgs

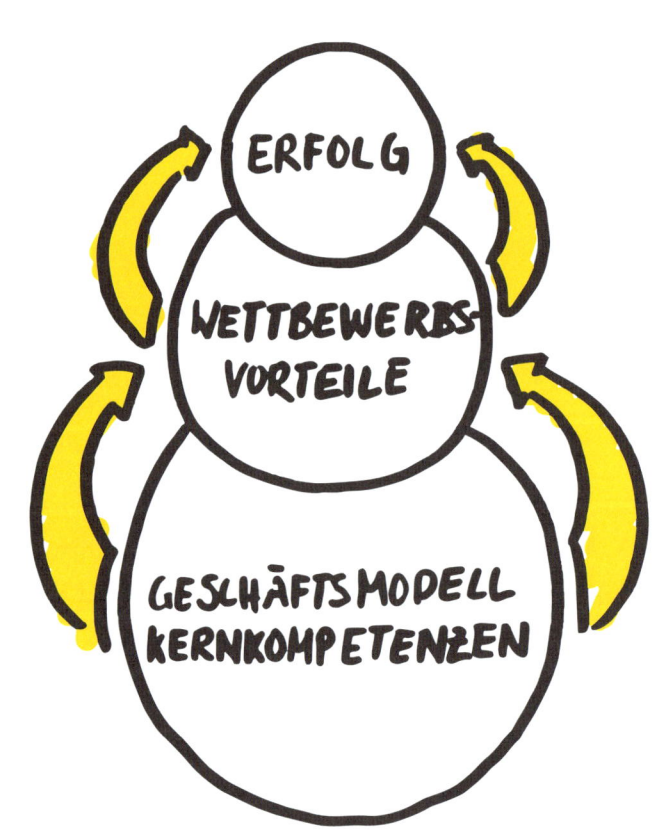

Kernkompetenzen

Zuerst sollten Sie sich mit den Kernkompetenzen befassen, denn sie sind die Basis des Erfolgs. Sie sind die Grundlage für dauerhafte, verteidigungsfähige Wettbewerbsvorteile. Der Anspruch an Kernkompetenzen ist hoch. Sie sollten dauerhaft sein, dürfen am besten nicht frei käuflich sein und sollten im Idealfall multiplizierbar sein. Letztlich befähigen Kernkompetenzen das Unternehmen, immer neue Wettbewerbsvorteile zu entwickeln, denn Wettbewerbsvorteile sind leider vergänglich. Kaum hat man einen Wettbewerbsvorteil aufgebaut, erscheint ein Wettbewerber und versucht, durch Kopie, Weiterentwicklung, neue Vertriebswege oder andere Maßnahmen den Vorteil wieder zunichte zu machen, um selbst einen Vorteil aufzubauen. Wettbewerbsvorteile sind nichts weiter als die Grundlage für ein gegenwärtig erfolgreiches Agieren am Markt. Die Kombination der Kernkompetenzen schafft die Grundlage für die Einzigartigkeit eines Unternehmens. Die Arbeit an den Kernkompetenzen und ihre Verknüpfung im Geschäftsmodell sollten im Zentrum der strategischen Arbeit stehen (Basis des Schneemanns).

Achtung:

Verwechseln Sie Kernkompetenzen nicht mit Stärken. Kernkompetenzen sind wesentlich mehr. Stellen Sie sich die Frage, was in der Vergangenheit für den Unternehmenserfolg besonders wichtig war und welche entscheidenden Kernkompetenzen Sie dabei unterstützen, den langfristigen Unternehmenserfolg in der Zukunft zu sichern. Ihre Kernkompetenzen sollten so ausgerichtet sein, dass sie unter immer neuen Marktbedingungen Kundennutzen schaffen.

Strategische Zielrichtung

Eine gute Strategie muss Aussagen zu den attraktiven Märkten von morgen, zu Wettbewerbsvorteilen und zu nachhaltigen Differenzierungsansätzen treffen. Sie sind die Hebel für den Erfolg (Bauch des Schneemanns). Stimmt das alles und gelingt es, die Balance aus Wachstum, Rendite und Risiko zu finden, stellt sich der Erfolg zwangsläufig ein.

 *Eine einmal entwickelte Strategie ist nicht für die Ewigkeit. Sie muss den sich ändernden Verhältnissen angepasst und weiterentwickelt werden.*

Wettbewerbsvorteile

Die Kernkompetenzen geben vor, auf welchen Ebenen Sie Wettbewerbsvorteile aufbauen und sich vom Wettbewerb differenzieren können. Sie können sich auf drei Ebenen differenzieren:

Produktbezogene Ebene

Hier geht es um die Hard Facts: Qualität, Gebrauchstauglichkeit, technische Funktionalität, technologische Überlegenheit, Preis. Unterscheidung auf der Produktebene ist möglich, allerdings nur, wenn es Ihnen gelingt, das Produkt mit kaufentscheidenden Eigenschaften auszustatten, die vom Wettbewerb nicht oder zumindest nicht in kurzer Zeit imitiert werden können.

Produktbegleitende Ebene

Hier geht es um alle Aktivitäten vor und nach der Übergabe einer Leistung an den Kunden und um eventuelle Zusatzleistungen wie Service, Systemlösungen und Beratung. Das ist nicht leicht, denn der Kunde nimmt heute Serviceprodukte und -leistungen gern als selbstverständlich an. Service ist heute weniger eine Differenzierungschance als vielmehr eine Voraussetzung zum Überleben in gesättigten Märkten.

Emotionale Ebene

Auf dieser Ebene geht es um emotionale und psychologische Faktoren wie persönliche Kundenbeziehung und Marke. Gelingt der Aufbau einer starken Marke, treten für den Konsumenten funktionale Produktmerkmale zugunsten emotionaler Faktoren in den Hintergrund. Die Unterscheidung auf Markenebene hilft Unternehmen, sich vom ruinösen Preiskampf zu lösen.

Denken Sie an dm: Der Drogeriemarkt belegt aktuell Platz 22 der größten deutschen Familienunternehmen. Als Schlecker 2012 2000 Filialen schließen und 10.000 Mitarbeiter entlassen muss, boomte dm mit den Familien Werner und Lehmann an der Spitze. Die Hauptgründe für den Erfolg sind authentische, zugewandte Mitarbeiter und eine schöne Einkaufsatmosphäre. Mit breiten Gängen, angenehmer Lichtsetzung und Wasserspendern hat dm die Filiale zum Erlebnis gemacht. Als „Ethik-Aldi" und mittlerweile größte Drogeriemarktkette Deutschlands setzt die Marke dm auf Langfristigkeit und Gemeinschaftsgefühl.

Strategische Positionierung

Ihre Entscheidung über die Art der Differenzierung zeigt Ihnen, wie Sie sich im Markt positionieren sollten. Sich nicht zu positionieren ist keine Option, denn sonst werden Sie positioniert, vom Kunden oder vom Wettbewerb. Damit verlieren Sie den Einfluss auf die eigene Positionierung.

Es gibt drei Basis-Positionierungsstrategien:

○ Discount-Preis
   Sie streben die Kostenführerschaft an. Das erfordert umfassende operative Exzellenz.

○ More-for-less-Strategie
   Sie bieten Ihren Kunden einen Mehrwert an.

○ Premium-Strategie
   Sie setzen mit Marke und Image Höchstpreise durch.

Die Ersten werden die Führenden sein

2009 entschied der Fertighaushersteller LUXHAUS aus Georgensgmünd, sich neu zu positionieren. Die Sympathie für den Verkäufer, der individuelle Hausentwurf und der Preis sind im Fertighausmarkt zentrale Entscheidungsfaktoren. Doch in Zeiten, in denen es Hausanbieter wie Sand am Meer gibt, sind Preis und Architektur kein greifbares Unterscheidungsmerkmal mehr. Wie wird das Produkt unter solchen Bedingungen in den Köpfen der Kunden zur Nummer 1?

Als viele Unternehmen ihre Mitarbeiter während der Wirtschaftskrise in Kurzarbeit schickten, entwickelte LUXHAUS eine komplett neue Kommunikationsstrategie mit dem Kern „Produktnutzen und -mehrwert". Ausgehend von der innovativen Wandkonstruktion und dem Fokus auf Wohlfühlklima standen von diesem Zeitpunkt an alle neuen Musterhäuser, Architekturideen und Technikkonzepte im Zeichen der Positionierung „Die Nr. 1 in der Climatic-Wand-Technologie".

Mit aufwändigen Test-Exponaten, einem Zertifikat des Instituts für Baubiologie in Rosenheim sowie notariell bestätigten Umfragen unter Kunden stärkte LUXHAUS diese Marktposition, und schon zwei Jahre später ergaben eben jene Umfragen: 80 Prozent der Kunden kaufen ein LUXHAUS wegen der Climatic-Wand-Technologie.

Die Wertschöpfungskette strategisch gestalten

Ihre Kernkompetenzen sind auch bei der Gestaltung der Wertschöpfungskette von tragender Bedeutung. Ob Sie eine Aktivität selbst ausführen oder auslagern, hängt in hohem Maße davon ab, inwieweit diese von Kernkompetenzen bestimmt ist und dadurch zu Wettbewerbsvorteilen führt. Elemente aus dem Bereich der Kernkompetenzen dürfen niemals ausgelagert werden. Alle Prozesse, die nicht auf Kernkompetenzen basieren, sollten auf den Prüfstand gestellt werden.

 **_Es gibt keine Möglichkeit, den Unternehmenswert schneller zu steigern, als durch das Weglassen nicht wertschöpfender Tätigkeiten._**

Wie haben Sie Ihre Wertschöpfungskette gestaltet?

Sind Sie der **Integrator**, derjenige, der die Wertschöpfungskette fast vollständig in den eigenen Händen hält, von der Erstellung des Produkts bis zum Verkauf an den Endkunden?

Zum Nachdenken:

Sie müssen möglicherweise teuer aufgebaute Kapazitäten vorhalten, die ausgelastet werden wollen. Außerdem brauchen Sie Kompetenzen in Bereichen, die vermutlich nicht zu Ihren Kernkompetenzen zählen.

Sind Sie der **Netzwerkspieler**, derjenige, der kaum oder gar nicht mehr selbst produziert? Adidas, Puma und das Bauunternehmen Bauwens sind Beispiele für Netzwerkspieler, aber auch moderne Online-Plattformen, die verschiedene Gruppen zusammenbringen, wie My Hammer oder Amazon Marketplace.

Zum Nachdenken:

Es gelingt Ihnen, über die geschickte Koordination arbeitsintensiver und zudem austauschbarer Wertschöpfungsaktivitäten einen erheblichen Mehrwert zu generieren und Kostenvorteile zu realisieren. Sie können also auf teure Produktionsanlagen verzichten. Was könnte dazu führen, dass Ihr Modell nicht mehr funktioniert?

Sind Sie der **Funktionsspezialist**, derjenige, der sich auf ein Leistungssegment in der Wertschöpfungskette konzentriert, das er branchenübergreifend ausführt und in dem er besonders stark ist? SAP ist mit seiner Software zur Abwicklung sämtlicher Geschäftsprozesse eines Unternehmens ein bekanntes Beispiel.

Zum Nachdenken:

Funktionsspezialisten steigern ihre Umsätze in der Regel deutlich schneller als Integratoren.

Voraussetzungen für mehr Wertschöpfung

Nach Porter gibt es fünf Wettbewerbskräfte, die aufeinander wirken und die der Vertrieb ständig im Auge behalten sollte:

- die Rivalität zwischen vorhandenen Wettbewerbern
- die Bedrohung durch neue Marktteilnehmer, zum Beispiel durch Start-ups
- die Bedrohung durch Ersatzprodukte und Dienstleistungen
- die Verhandlungsmacht der Lieferanten
- die Verhandlungsmacht der Kunden

Die relative Wettbewerbsposition steht ständig unter Druck und wird zudem bestimmt durch die soziokulturellen, technischen, ökonomischen und politischen Trends. Wenn wir sie ignorieren und uns nicht verändern, geht es mit dem Unternehmen abwärts. Wir müssen uns der Veränderung aktiv stellen und neue Wettbewerbsvorteile generieren. Darauf muss die Vertriebsstrategie ausgerichtet werden. Was wir dafür brauchen:

- Klarheit über Kernkompetenzen und Geschäftsfelder
- Klarheit über die aktuellen und künftigen Wettbewerbsvorteile, inklusive Eigensituations- und Umfeldanalyse, die uns zeigen, wo wir stehen und wo wir hin müssen/wollen
- aussagefähige Kennzahlen
- Klarheit über unsere Kunden und ihre Bedürfnisse sowie über den Wertbeitrag, den sie für uns leisten
- ein Vertriebsmodell, das uns den Weg weist, um Wertschöpfung zu erzielen

 *Weiter wie bisher ist sicher nicht die richtige Strategie.*

Wie sich Vertriebsstrategien ändern

Als Hopfenlieferant reichte es früher, das beste Rohstoffportfolio zu besitzen. Doch mit den sich verändernden Märkten wandeln sich auch die Bedürfnisse der Zielgruppe. Wer weiterhin erfolgreich bleiben und nicht in einen Strudel aus Preisschlachten geraten will, muss einen echten Mehrwert liefern. Als einer der bedeutendsten Hopfenlieferanten der Welt stellte sich die Barth-Haas Group auf die Veränderungen ein und entwickelt sich mit einer neuen Positionierung vom Rohstoffhändler zum Geschmacksexperten für die besten Biere weltweit.

Der Anspruch: Wann immer ein Bierbrauer über Geschmack nachdenkt, muss er an Barth-Haas denken. Für den Vertrieb bedeutet dies, nicht mehr nur Hopfen zu verkaufen, sondern den Kunden auf dem Weg zum Erfolg durch Geschmack zu beraten und zu begleiten. Das Unternehmen ist Experte für die Art und Weise, wie die Hopfensorten den Biergeschmack beeinflusst, und gibt dieses Wissen nun in einer Akademie an die Brauereien weiter. Das Firmengebäude wurde komplett umgebaut, sodass nun auch eine Versuchbrauerei im eigens errichteten BarthHaas Campus ihren Platz gefunden hat, in der neue Projekte angestoßen werden.

Zeit für eine wirksame Vertriebsstrategie?

Eine wirksame Vertriebsstrategie steigert den Unternehmenswert.
Aber: Ohne Unternehmensstrategie keine Vertriebsstrategie.

Die richtige Strategie sorgt dafür, dass

- die Rendite größer ist als die Kapitalkosten
- der Gewinn steigt
- die Liquidität steigt
- der Unternehmenswert steigt

Die falsche Strategie hat zur Folge, dass

- die Rentabilität sinkt – Wertvernichtung trotz „schwarzer" Zahlen
- der Ertrag sinkt
- die Liquidität sinkt
- das Unternehmen in die Insolvenz gerät

 *Eine Vertriebsstrategie ist schnell umsetzbar und bringt schnell Resultate.*

Entscheidend für den Erfolg
der Vertriebsstrategie
sind vier Bereiche:

MARKT/KUNDE   ORGANISATION/PROZESSE   FÜHRUNG   MITARBEITER IM VERTRIEB

In jedem Bereich haben wir vier Elemente identifiziert,
die entscheidend zu einer wirksamen Vertriebsstrategie beitragen.
Zusammen bilden sie die 16 Elemente einer wirksamen Vertriebsstrategie.

$4 \times 4 = 16$

Teil II

Die 16 Elemente einer wirksamen Vertriebsstrategie

Die Vertriebsstrategie gehört zu den Kernprozessen eines Unternehmens und ist die Grundlage für eine erfolgreiche Markt- und Kundenbetreuung. In einer volatilen und komplexen Arbeitswelt ist die Überprüfung und Optimierung der eigenen Vertriebsstrategie nicht nur für den Vertriebserfolg maßgeblich, sondern auch für den gesamten Erfolg des Unternehmens. Dabei spielt nicht nur die Konzeption der Strategie eine große Rolle, in einem ganzheitlichen Ansatz muss auch oder besonders die Unternehmenskultur, sprich das Verhalten der Mitarbeiter, auf die am Markt existierenden Kundenwünsche ausgerichtet werden.

Oftmals werden die vorhandenen Ressourcen nicht ausreichend genutzt, sodass die Vertriebsorganisation nicht mit höchster Produktivität arbeitet. Hyperwettbewerb, harter Preiskampf, hoher Kostendruck und erodierende Margen sind das Ergebnis einer fehlenden strategischen Ausrichtung des Vertriebs.

Um die Effizienz des Vertriebsprozesses zu steigern und die eigenen Potenziale für eine Wettbewerbsüberlegenheit maximal zu nutzen, müssen Lücken in der Strategie erkannt und die entsprechenden Entwicklungsfelder sinnvoll bearbeitet werden. Hier setzen die folgenden 16 Elemente zur Entwicklung einer wirksamen Vertriebsstrategie an, um vorhandene Marktpotenziale optimal auszuschöpfen, Vertriebstools zielführend einzusetzen und Mitarbeiter neu zu beflügeln.

MARKT/KUNDE	ORGANISATION/PROZESSE	FÜHRUNG	MITARBEITER IM VERTRIEB
MARKTPOTENZIAL	CRM	CONTROLLING	ZIELE
STARKE MARKE	CANVAS MODELL	LEISTUNGS-BEDINGUNGEN	AUTORITÄT
KAUFENTSCHEIDENDE FAKTOREN	VERTRIEBS-STRUKTUR	ANFORDERUNGS-PROFILE	KOMPETENZ-ENTWICKLUNG
WETTBEWERBS-VORTEILE	VERTRIEBS-PROZESS	KULTUR	VERHALTEN

Bereich Markt/Kunde

Märkte kennen und richtig bearbeiten

In diesem Bereich befassen wir uns mit den vier Elementen

- Marktpotenzial
- Starke Marke
- Kaufentscheidende Faktoren
- Wettbewerbsvorteile

Es geht darum, den Markt und die Kunden kennenzulernen, ihr Potenzial einzuschätzen sowie die Faktoren zu identifizieren, die entscheidend dafür sind, dass Kunden die Produkte und Dienstleistungen Ihres Unternehmens kaufen. Fragen Sie sich: Was mache ich anders als der Wettbewerb? Welche Wettbewerbsvorteile besitze ich? Eine starke Marke unterstützt sowohl bei der Eroberung neuer Märkte als auch bei der Kundenbindung und ist ein großer Wettbewerbsvorteil. Denn: Ein Produkt oder eine Dienstleistung mag es am Markt mehrfach geben, eine Marke jedoch nur einmal.

 RAUM FÜR IDEEN

Element 1:

Marktpotenzial.
Sinnvolle Kundenauswahl.

Kennen wir unsere
bestehenden
und künftigen Märkte?

Sind Sie einzigartig?

Es lohnt sich nicht, jeden Markt und jeden Kunden gleich zu bearbeiten. Das ist eine enorme Verschwendung von Ressourcen. Eine Ausschöpfung des Marktpotenzials setzt daher eine sinnvolle Kunden- und Marktauswahl voraus.

Checken Sie Ihre Wachstumsmöglichkeiten durch Kompetenzen

Sie haben vier strategische Optionen, um Ihre Kernkompetenzen auf- beziehungsweise auszubauen:

Ausschöpfen

Mit welchen Ihrer Kernkompetenzen können Sie die bereits heute von Ihnen bearbeiteten Märkte noch besser ausschöpfen? Werden Sie in dem, was Sie tun, besser, schneller, qualitativ hochwertiger, preiswerter, individueller etc. Das ist keine revolutionäre Maßnahme, sollte aber nicht vernachlässigt werden.

 *Wie können wir bestehende Märkte mit existierenden Kernkompetenzen noch besser ausschöpfen?*

Marktausweitung

Stellen Sie sich die Frage, wie Sie mit bestehenden Kernkompetenzen neue Märkte erschließen und neue Kunden gewinnen können. Vergessen Sie bei der Marktausweitung auch internationale Märkte nicht, die Sie bisher vielleicht nicht bearbeitet haben, weil die Nachfrage nach Ihren Produkten oder Dienstleistungen nicht bestand. Das kann sich jederzeit ändern. Märkte entwickeln sich weiter. Mittlerweile ist zum Beispiel die Nachfrage nach Luxusprodukten in China oder Russland weit höher als in Europa. Der afrikanische Markt holt auf, und wer zuerst mit den richtigen Produkten am Markt ist, hat die besten Chancen. Auch neue Vertriebskanäle können dazu beitragen, in neue Märkte oder zu neuen Kundengruppen vorzudringen.

Welche neuen Produkte und Dienstleistungen können wir auf bestehenden Kernkompetenzen aufbauen, welche neuen Kunden oder Märkte gewinnen?

Der Einrichtungsspezialist GH Möbel zum Beispiel hat neben dem Verkauf neue Kompetenzen als Berater und Projektmanager aufgebaut. Damit kann das Unternehmen einerseits seine Position in bestehenden Märkten ausbauen und andererseits neue Kunden und Märkte gewinnen. Der Automobilzulieferer Brose hat früher Fensterheber für Autos gefertigt. Heute baut er komplette Türelemente und ist Systemlieferant.

Neue Kernkompetenzen

Identifizieren Sie die Trends, die künftig für Ihr Unternehmen und Ihre Branche von Bedeutung sein werden, und bauen Sie entsprechende Kompetenzen für die Zukunft auf.

Welche neuen Kernkompetenzen brauchen wir, um unsere Position in bestehenden Märkten auszubauen?

Mega-Zukunftschancen und -risiken

Unternehmen wie Haniel, Freudenberg, Heraeus und Oetker zeigen, dass Diversifikation eine Riesenchance und sehr erfolgreich sein kann. Die Firma Weber Grill hat früher Bojen hergestellt, heute kennen wir sie als Spezialist für Emotionen beim Grillen. Nokia hat mit Gummistiefeln begonnen. Doch wenn Sie sich in Märkte wagen, in denen Sie bisher nicht aktiv waren, gehen Sie hohe Risiken ein: Je weiter Sie sich von Ihren Kernkompetenzen entfernen, desto höher ist die Wahrscheinlichkeit, zu scheitern. Besetzen Sie neue Märkte nur dann, wenn Sie eine bessere Kundenlösung als die Mitbewerber anzubieten haben. Wenn Sie sich entschließen, in einen neuen Markt zu gehen, sollten Sie immer die Marktführerschaft anstreben. Es ist allemal besser, in einem kleinen See der größte Fisch zu sein, als in einem großen See einer von vielen Fischen.

 ## Welche neuen Kernkompetenzen brauchen wir in den zukünftigen Mega-Märkten?

Let's get digital

Neue Marktchancen ergeben sich zum Beispiel durch die Digitalisierung. Die meisten Hersteller physischer Produkte und immer mehr Dienstleister nutzen mittlerweile Online-Kanäle für Werbung und Kundenakquise. Das Web bietet nahezu unbegrenzte Möglichkeiten, wie Sie Kunden anziehen können. Es ermöglicht darüber hinaus schnelle Tests und eine engere Bindung der Kunden sowie zahlreiche Erkenntnisse über Kundenaktivitäten und -verhalten. Dazu müssen Sie nicht einmal unbedingt einen Online-Shop betreiben. Über Online-Kanäle kommen Sie Ihren Kunden näher, können mit ihnen in den Dialog treten und so dafür sorgen, dass über Ihre Produkte gesprochen wird, dass sie empfohlen werden. Der Austausch in sozialen Netzwerken oder über Blogs, RSS-Feeds etc. ermöglicht außerdem, die Kunden eng in die Produktentwicklung einzubeziehen. Das kann sehr wertvoll sein. Möglicherweise sparen Sie sich auf diese Weise sogar die aufwendige Entwicklung von Produkteigenschaften und -funktionen, die am Ende keiner haben will.

Allerdings sollten Sie sich bei der Unterstützung des Vertriebs über Online-Kanäle darüber im Klaren sein, dass Sie dafür besondere Kompetenzen brauchen, die Sie eventuell einkaufen müssen. Online-Kommunikation will gelernt sein. Ist sie nicht stimmig, sind die (potenziellen) Kunden mit einem Mausklick wieder weg.

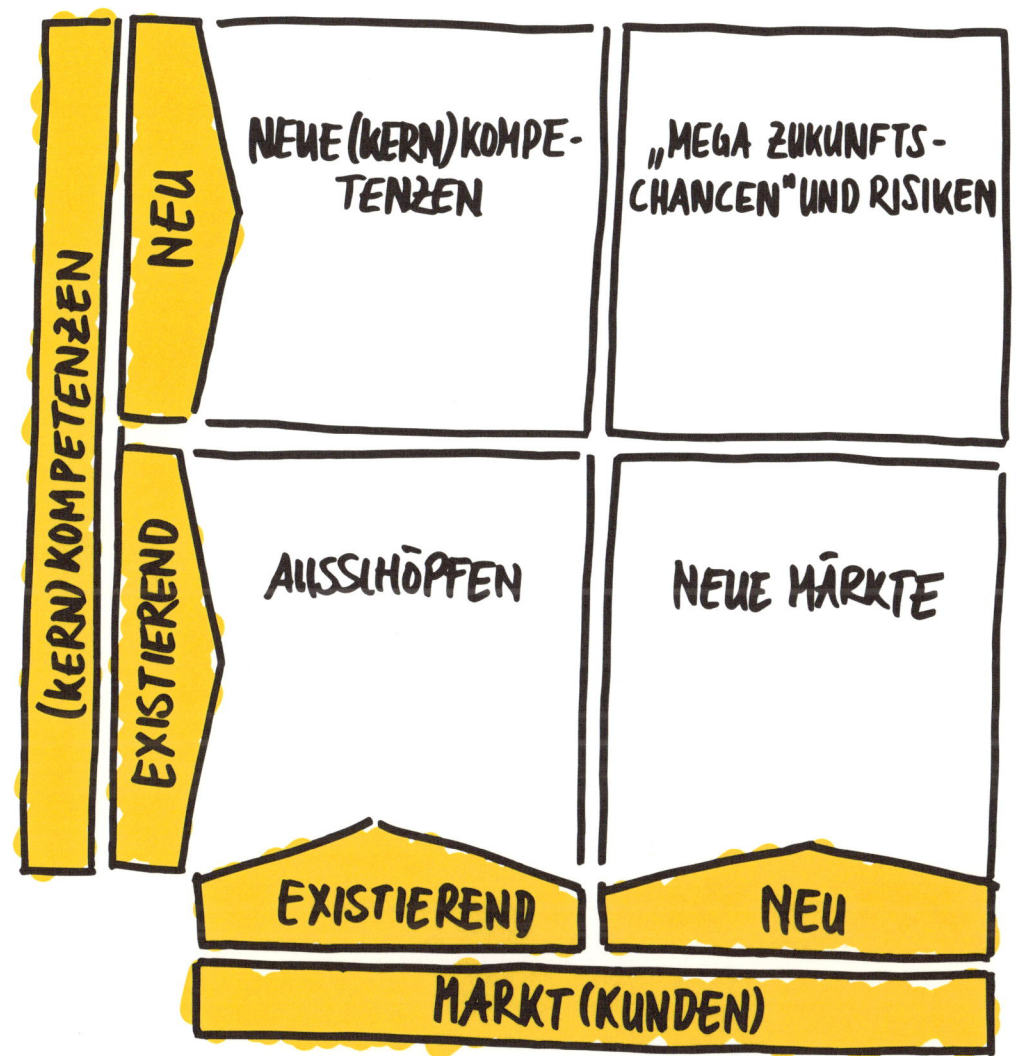

 TO-DO

Erarbeiten Sie Ihre Kernkompetenzen und Ihre Möglichkeiten

Auf welchen Kernkompetenzen baut Ihr Unternehmenserfolg auf?

Wie können Sie Ihre Kernkompetenzen für neue Märkte nutzen?

Wie können Ihnen Ihre Kernkompetenzen dabei nutzen, Ihren Markt weiter auszuschöpfen?

Welche Kernkompetenzen brauchen Sie in Zukunft, um Wettbewerbsvorteile zu erhalten oder auszubauen?

_____

_____

Welche Kernkompetenzen müssen Sie aufbauen, um in Zukunftsmärkten aktiv zu werden?

_____

_____

 RAUM FÜR IDEEN

Element 2:

Starke Marke.
Vom Unterschied zwischen Kunden und Fans.

Ist unsere Marke anziehend mit einem glaubwürdigen Nutzenversprechen?

Was ist unser hochverdichtetes und glaubwürdiges Leistungsversprechen?

Eine schwache Marke hat Kunden. Eine starke hat Fans. Sie bringen ihr Vertrauen entgegen, sind ihr treu und empfehlen sie weiter. Dafür erwarten sie allerdings, dass das in die Marke gesetzte Vertrauen gerechtfertigt ist und dass sie ihr Leistungs- und Nutzenversprechen – was auch immer es sei – einlöst, immer und überall. Wenn Sie auf einem abgerissenen Stück Eierkarton an der Landstraße auf „frische Eier" hinweisen, passt das. Weisen Sie damit aber auf „Flugstunden" hin, werden Sie wohl etwas länger auf Kunden warten müssen. Das Bild der Marke muss konsistent sein.

Marke hat mit Emotion zu tun. Der Preis tritt demgegenüber in den Hintergrund. Es gibt bessere, wendigere, schnellere Motorräder als eine Harley Davidson, trotzdem sind diejenigen, die sie kaufen, bereit, einen höheren Preis zu bezahlen. Sie kaufen nicht das Motorrad, sondern möchten Teil eines Mythos sein. Sie suchen die große Freiheit, die Unabhängigkeit, und lassen sich manchmal sogar das Logo auf den Körper tätowieren.

 *Man kauft, womit man sich identifiziert.*

Eine Marke gibt Sicherheit und ein hochverdichtetes, glaubwürdiges Leistungsversprechen. Welches ist Ihres? Können Sie Kunden mit einem glaubwürdigen Nutzenversprechen anziehen?

Ziele einer starken Marke:

- Neue Kunden gewinnen
- Kunden eng binden
- Ein Preispremium durchsetzen

Erfolgsfaktoren einer starken Marke:

- Bekanntheit im Zielmarkt
- Attraktivität im Zielmarkt

Ich kenne die Leistung ➡ Ich mag die Leistung ➡ Ich will die Leistung

Starke Marken geben den Kunden Orientierung durch gemeinsame Werte. Wir vertrauen ihnen, weil wir sie kennen, und wir erkennen sie überall wieder, weil sie ein konstantes Erscheinungsbild haben. Manche Marken bringen es so weit, dass sie zum Synonym für eine Produktgruppe werden, so wie „Tempo" für Papiertaschentücher. Für Unternehmen bringen Marken eine Wertsteigerung. Der Markenwert kann mittlerweile sogar bilanziell dargestellt werden. Zusammen mit einem guten Marketing und einer guten Kommunikationsstrategie machen Marken sogar immun gegen Probleme oder Skandale.

Erschaffen Sie Ihre Markenpersönlichkeit.

 *Wenn Sie Ihrem Kunden nicht sagen, wer Sie sind, sagt Ihnen der Kunde, wer Sie sein sollen.*

Sie sind der Experte auf Ihrem Gebiet. Aber sehen das Ihre Kunden genauso? Der größte Fehler, der Ihnen bei der Gestaltung Ihrer Markenpersönlichkeit passieren kann, ist, dass Sie ganz anders wahrgenommen werden, als Sie das wünschen. Deshalb ist es durchaus sinnvoll, das Fremdbild mit dem Selbstbild abzugleichen, zum Beispiel durch Kundenbefragungen.

Klären Sie …

... die Identität der Marke:

Wer bin ich?

Wofür steht die Marke in ihrem Kern? Entwickeln Sie das zentrale Leitbild, an dem sich alle, die mit der Marke zu tun haben, orientieren können. Beim WeissmanInstitut zum Beispiel möchten wir nicht als Berater wahrgenommen werden, sondern als Kulturstrategen.

... die Eigenschaften der Marke:

Wie bin ich?

Wie verfolgt die Marke ihre Ziele? Beschreiben Sie das Set von maßgeblichen Werten, das jede der Taten im Unternehmen beeinflusst und auf den besonderen Nutzen einzahlt.

... den Nutzen den Marke:

Was biete ich dir?

Welchen zentralen Nutzen bietet die Marke dem Kunden? Zeigen Sie, weshalb es sich lohnt, nur diese Marke zu kaufen/zu nutzen.

Wie eine Marke überlebt

Erinnern Sie sich noch an den Elchtest der A-Klasse von Mercedes 1997? Das Auto kippte beim doppelten Spurwechsel um und kam auf dem Dach zu liegen. Klar war: Im Ernstfall könnten Menschen sterben. Wendeten sich jetzt die Käufer mit Grausen von dem Auto oder gar der Marke ab? Mitnichten, im Gegenteil: Die A-Klasse wurde zum Renner.

Entscheidend dafür war die Reaktion des Autoherstellers. Alle ausgelieferten Autos wurden zurückgerufen und mit ESP ausgerüstet, das bis dato nur bei der S-Klasse vorgesehen war. Beim Elchtest kippte die A-Klasse fortan nicht mehr um. „Stark ist, wer keine Fehler macht. Noch stärker, wer aus ihnen lernt", so der Slogan der Mercedes-Kampagne, die auf den Elchtest folgte. Der Elch wurde zum Maskottchen der A-Klasse. Als Stofftier am Rückspiegel, als Aufkleber am Heck. Bei der Präsentation der neuen A-Klasse auf dem Genfer Autosalon 2012 lugte hinter Daimler-Chef Dieter Zetsche sogar ein Comic-Elch auf einer Video-Wand aus dem Wald.

Die größte Wertschöpfung steckt in der Marke.

Nicht zuletzt deshalb stecken große Konzerne mit starken Marken wie Coca-Cola oder Audi hohe Beträge in die Marke. Nach Schätzungen sind das bei Coca-Cola zum Beispiel rund 33 Prozent des Umsatzes. Das Markenleitbild erleichtert viele Entscheidungen. Allerdings erfordert die Markenführung Konsequenz in jedem Bereich, in dem die Marke aktiv ist. Unter diesem Aspekt ist genau zu prüfen, welches Engagement zu meiner Marke passt.

Absatzkanäle müssen im Einklang mit der Markenführung geplant werden. Die Bekanntheit der Marke muss gezielt ausgebaut werden, in den bestehenden und bekannten Märkten. Wird das unter Beachtung des Markenkerns und der Markenwerte getan, können auch Produkte, die neue Märkte beziehungsweise Zielgruppen ansprechen, mit Erfolg vermarktet werden. Beispiele dafür sind der „Baby-Benz" und der BMW-Van.

Und was hat das alles mit dem Vertrieb zu tun?

Die Vertriebsmitarbeiter sind Markenbotschafter Nr. 1. Sie müssen genau wissen, was die Marke ist, was ihren Kern ausmacht und welche Werte sie transportiert. Wissen sie das nicht, kommt die Marke im Markt „zerrissen" an. Das bringt Vertrauen ins Wanken. Wenn Sie sich genauer mit dieser Frage befassen, werden Sie feststellen, dass viele Verhaltensthemen mitspielen. Nur Mitarbeiter, die stolz auf ihre Marke sind, können sie glaubhaft vertreten. Ein Vertriebsmitarbeiter, der Hotelmöbel verkauft, wird anders auftreten als einer, der sich als Realisierungsexperte für Hotel- und Gastgebereinrichtungen präsentiert. Wenn jemand Dienstleistungen im Bereich der technischen Gebäudeversorgung anbietet, macht er das sicher mit mehr Engagement, wenn er sich als „Spezialist für die Lebensadern von Gebäuden" sieht. Und der Vertreter eines Herstellers für Schlafsysteme, der sich „Traumversteher" nennt, hat mit Sicherheit ein anderes Auftreten als einer, der nur Matratzen verkauft.

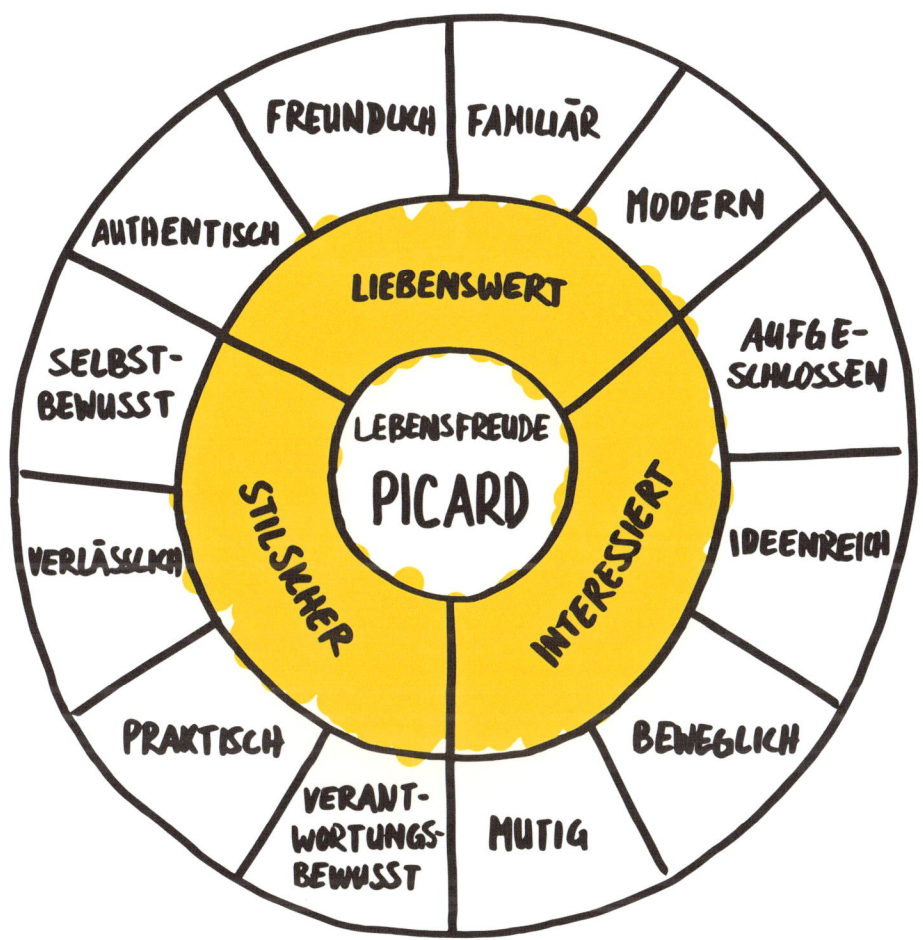

Die Markenidentität des Lederwarenherstellers Picard: Im Markenkern steht das Versprechen „Lebensfreude", umgeben von den Markenwerten „stilsicher", „interessiert" und „liebenswert", welche durch die außenstehenden Begriffe genauer definiert werden.

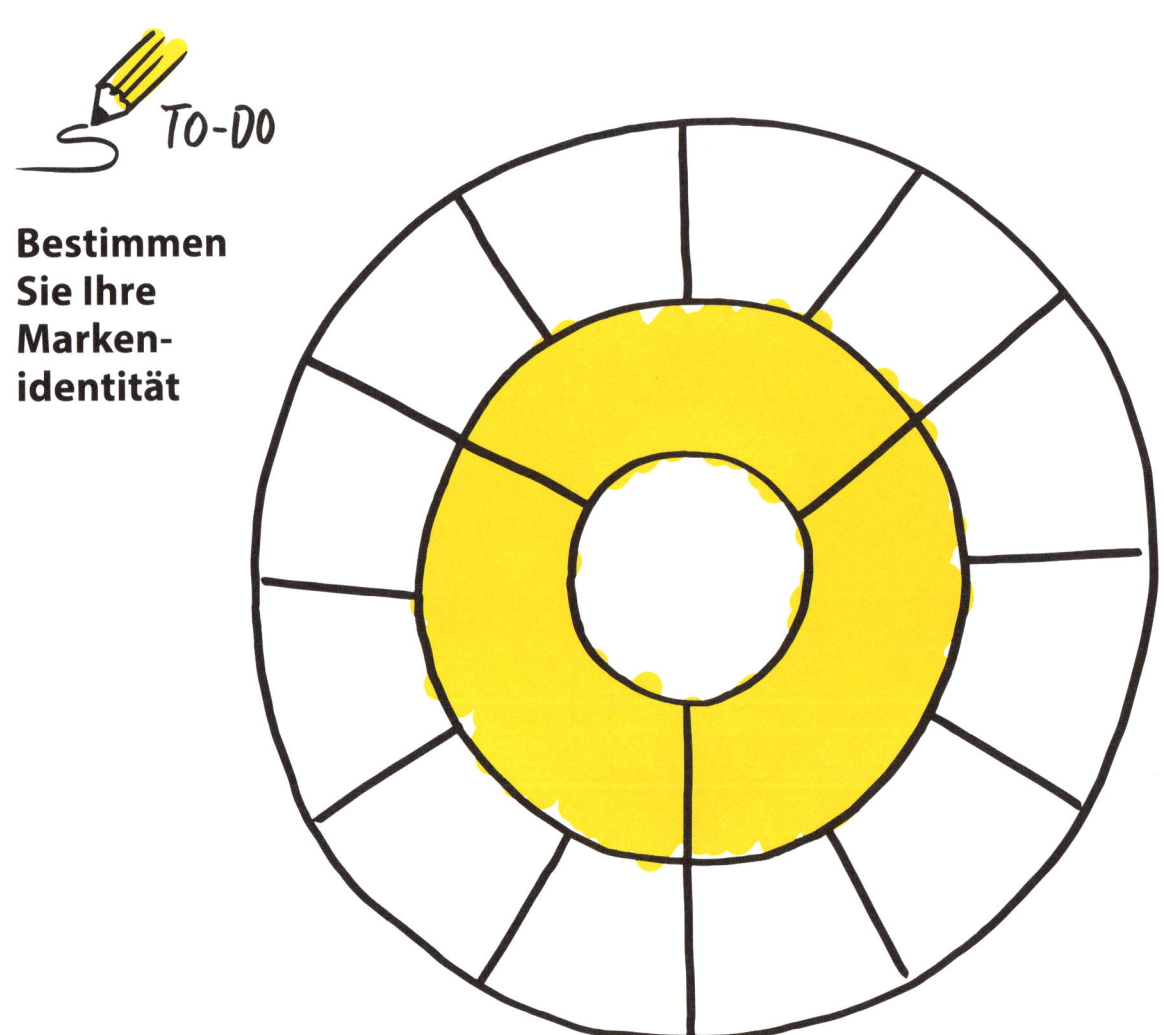

Bestimmen Sie Ihre Marken-identität

Wie sieht die Identität Ihrer Marke aus? Versuchen Sie, in der Mitte, im Markenkern, das große Versprechen zu finden, das durch die drei Markenwerte (gelbe Felder) bestimmt wird.

Die Markenidentität
von bellydesign

Hat Ihre Heizung Ihnen schon einmal Herzklopfen verursacht? Vermutlich nicht. In Zeiten, in denen aber 70 Prozent aller Verkaufsentscheidungen von Gefühlen geleitet werden, müssen gerade solche Produkte emotional aufgeladen werden. Als Hersteller von Plüschcharakteren hat sich bellydesign aus Bamberg genau darauf spezialisiert. Die Frage, was bellydesign dabei einzigartig macht und wie die Kunden davon profitieren können, brachte das Unternehmen auf einen neuen Erfolgsweg.

Mit Hilfe einer einzigartigen Positionierung wurde ein neuer Markenkern gefunden, der den emotionalen und wirtschaftlichen Wert des Produkts mehr in den Fokus rückt: weg vom Werbemittel aus Plüsch, hin zum individuellen Markenliebling, der direkt ins Herz der Zielgruppe trifft. Mit diesem Versprechen und einem konsequenten Markenaufbau entwickelte bellydesign eine neue proaktive Marketing- und Vertriebsstrategie, die es dem Unternehmen ermöglicht, sowohl gezielter an die Zielgruppe heranzutreten, als auch neue Geschäftspartner und Ansprechpartner wie Brandmanager, Vertriebsleiter oder Geschäftsführer zu erreichen.

 RAUM FÜR IDEEN

Element 3:

Kaufentscheidende Faktoren. Absolute Kundenorientierung.

Kennen wir die Gründe, aus denen ein Kunde sich für unser Unternehmen entscheidet?

Die Wahl eines Entscheiders hängt an einer zentralen Bedingung: Das Produkt oder die Dienstleistung muss ihm Nutzen bieten. Das kann der Status durch eine Marke sein, aber auch eine Erleichterung seines Lebens. Letztlich geht es darum, seine Probleme zu lösen. Setzen Sie die Kundenbrille auf und fragen Sie sich:

Kennen wir die zentralen Probleme und Bedürfnisse unserer Zielgruppe und können wir diese sichtbar besser lösen (subjektiv aus Kundensicht) als andere? Die Beantwortung dieser Frage ist der kürzeste Strategie-Check für den Vertrieb.

Beantworten Sie, besser noch Ihre Kunden, diese Frage mit einem klaren Ja, können Sie Ihren Erfolg nicht verhindern.

Hinter dieser Schlussfolgerung steckt das kybernetische Prinzip, wie schon kurz beschrieben, die Lehre von den sich selbst steuernden Regelkreisen. Die Metapher dafür ist die Spirale, die je nach Richtung Schwungrad oder Teufelskreis ist. Unternehmen als soziale Systeme reagieren und agieren ebenso wie Pflanzen kybernetisch. Betrachtet man unter dieser Voraussetzung den Erfolg eines Unternehmens, ergibt sich eine Erfolgsspirale, die auf folgenden Erkenntnissen beruht:

- Jeder Mangel ist eine Chance.
- In der Konzentration ist der durchschnittlich Begabte dem unkonzentrierten Genie überlegen.
- In stagnierenden Märkten führen austauschbare Leistungen zwingend zu einer negativen Rendite.
- Attraktivität und Einzigartigkeit führen zum Erfolg.

Übersetzt heißt das:

- Machen Sie sich auf die Suche nach den bedeutenden Problemen Ihrer Kunden. In ihnen sind die größten Chancen versteckt. Als Vertriebsmann oder -frau sind Sie diejenigen mit dem direkten Kontakt zum Kunden, also diejenigen, die dessen Bedürfnisse am besten erkennen können.
- Konzentrieren Sie sich auf das Wesentliche: die Lösung von Kundenproblemen. Durch Ihre Problemlösungskompetenz unterscheiden Sie sich vom Wettbewerb.

Wenn Sie die Lösung zentraler Kundenprobleme, die Konzentration und die sichtbare Kompetenz verbinden, schaffen Sie Ihre Erfolgsspirale. Fehlt nur einer dieser drei Faktoren, wird daraus ein Abwärtsstrudel: Austauschbare Leistungen – wenige Kunden – geringer Preis – sinkende Rendite.

Entscheidend ist es deshalb, die Bedürfnisse und Probleme des Kunden zu erkennen. Das zentrale Problem kann sowohl ein Mangel oder ein Bedürfnis auf der Sachebene, als auch auf der emotionalen Ebene sein.

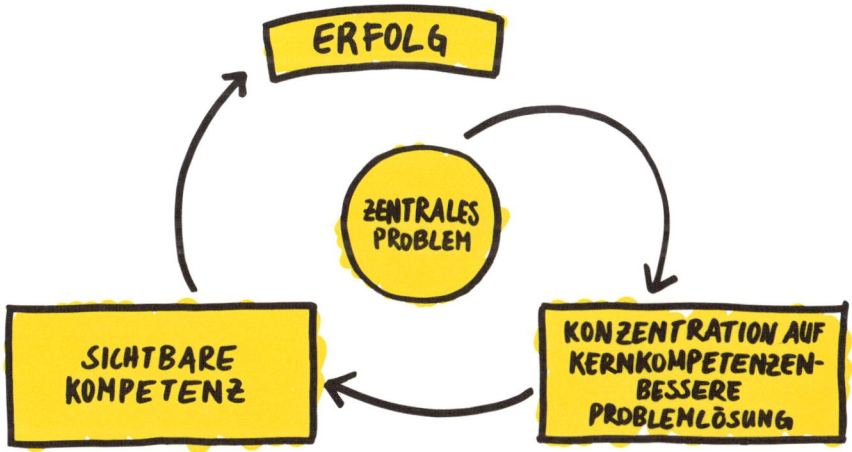

Dabei tappt der Vertrieb manchmal in zwei Fallen: Die erste ist die **Annahme** von Bedürfnissen und Problemen des Kunden, ohne zu verifizieren, ob der Kunde tatsächlich genau diese Probleme hat. Ja, es ist mühselig und zeitaufwändig, sich intensiv mit dem Kunden zu befassen, aber lohnend. Denn nur wenn Sie seine Probleme kennen, können Sie sie auch lösen und so zu seiner Wertschöpfung beitragen. Das wird er honorieren. Die zweite Falle ist die **Selbstdarstellungsfalle**. Es ist nicht die wichtigste Aufgabe des Vertriebs, sich selbst oder das Unternehmen zu präsentieren, sondern er muss Fragen stellen und herausfinden, wo den Kunden der Schuh tatsächlich drückt. Auf diese Weise schafft er Vertrauen und kann der eigenen Entwicklung wertvolle Hinweise geben. Der Vertrieb agiert in einer vernetzten Welt nicht alleine, sondern im fachübergreifenden Team. Er ist die Schnittstelle zum Kunden und muss dieser Aufgabe gerecht werden. Es darf nicht um die Provision und den Verkauf unter allen Umständen gehen. Der Vertrieb ist der Teil des Unternehmens, den der Kunde kennt, mit dem er spricht und dem er (hoffentlich) vertraut. Übrigens ist die bedingungslose Konzentration auf den Kunden eines der Erfolgsgeheimnisse der digitalen Start-ups.

Beschränken Sie Ihre Sicht auf den Kunden nicht durch die Produkte oder Dienstleistungen, die Sie ihm verkaufen. Lernen Sie, sein Interesse, sein Geschäft zu verstehen, und betrachten Sie ihn genau. Oft entdecken Sie Probleme an unerwarteten Stellen.

Professionell angelegte Befragungen oder bereits vorhandene Studien können Ihnen dabei helfen, Ihre Kunden besser kennenzulernen, aber nichts geht über den persönlichen Kontakt (direkt, per Telefon oder online) und ein Vertrauensverhältnis.

Nutzen Sie die Daten, die Sie schon haben

Ihr CRM kann Sie bei der Aufgabe, die Probleme und Bedürfnisse Ihrer Kunden zu entdecken, unterstützen. Aber das ist nicht alles. Denken Sie nur daran, wie Unternehmen wie Google oder Amazon die Daten ihrer Kunden sammeln, auswerten und nutzen. Sie müssen nicht gleich in Big Data einsteigen, aber es ist eine Überlegung wert. Haben Sie zum Beispiel einen Online-Katalog, können Sie Daten über die Abfragen (was wird gesucht, wie oft gekauft etc.) sammeln. Wenn Sie einen Kundenchat oder Blog einrichten, haben Sie weitere Möglichkeiten zum Dialog.

Nutzen bieten – Nutzen ernten

Problemlösungskompetenz zeigt sich letztlich daran, welchen tatsächlichen Nutzen Sie Ihren Kunden bieten. Der Kunde kauft niemals ein Produkt oder eine Dienstleistung, sondern den Nutzen, den er daraus zieht. Er kauft keine teuren Designermöbel für die Lobby seines Hotels, weil sie ihm so gut gefallen, sondern weil er damit Gäste anziehen will. Dem Kunden ist es letztlich egal, ob Sie als Hersteller von Bremssystemen Prozessoptimierung mittels Kaizen betreiben. Er will sich sicher fühlen, wenn er mit seinem Auto unterwegs ist.

Was ist Nutzen für den Kunden?

KAUFMÄNNISCHER NUTZEN	EMOTIONALER NUTZEN	PERSÖNLICHER NUTZEN
◦ Zeitgewinn	◦ Imagegewinn	◦ Sicherheit
◦ Produktivitätssteigerung	◦ Mitarbeitergewinnung	◦ Freiheit
◦ Umsatzsteigerung	◦ Mitarbeiterbindung	◦ Freude/Glück
◦ Kostenersparnis	◦ Karriere/Macht	◦ Gesundheit
◦ Ertrag/Wertzuwachs	◦ Persönliche Nähe	◦ Sorglosigkeit

Stellen Sie sich die Frage:

Was wünscht sich der Kunde? Was können wir beitragen?

TIPP

Machen Sie sich nützlich.
Und sprechen Sie darüber.

Auf Dauer zahlen Kunden nur für Nutzen stiftende, sinnvolle Leistungen. Nur wenn es gelingt, den Kunden davon zu überzeugen, dass Sie ein positives Nutzen-Preis-Verhältnis bieten und Ihr Unternehmen einen attraktiven Gesamt-Nutzen-Vorteil liefert, wird sich nachhaltiger Erfolg einstellen. Wenn der Kunde davon überzeugt ist, dass Sie ihm Nutzen bieten, können Sie auch einen angemessenen Preis erzielen. Bedürfnisse zu schaffen, die der Kunde bisher gar nicht hatte oder kannte, ist die Königsklasse. Das gelingt Apple ebenso wie dem E-Sportwagen-Produzenten Tesla oder Herstellern edler Gartenmöbel.

Nichts macht erfolgreicher,
als andere erfolgreich zu machen.

Dr. Gustav Großmann hat hier den Weg gewiesen. Sein Lebensmotto lässt sich am besten folgendermaßen ausdrücken: „Nur der, der Nutzen bietet, sollte auch Nutzen ernten." Das bedeutet auch, mit dem Kunden respektvoll zusammenzuarbeiten. Es geht für den Vertrieb nicht darum, dem Kunden irgendetwas zu verkaufen, was ihm nichts nützt, oder ihn gar „über den Tisch zu ziehen". Nur Kunden, die zufrieden sind und sich gut behandelt fühlen, werden wiederkommen und weiterempfehlen. Schaffen Sie es dann sogar, seine Erwartungshaltung zu übertreffen, ist der Weg vom Kunden zum Fan nicht mehr weit.

TO-DO

Setzen Sie die Kundenbrille auf

Wie gut können Sie sich in Ihre Zielgruppe hineinversetzen? Kennen Sie ihre Bedürfnisse und die Faktoren, die letztlich zur Kaufentscheidung führen? Notieren Sie in der linken Spalte zunächst die zentralen Probleme oder Bedürfnisse und ergänzen Sie im zweiten Schritt den ausschlaggebenden Faktor für die jeweilige Kaufentscheidung. Wenn Sie nicht jede Zeile füllen können, gibt Ihnen das Aufschluss über die Punkte, die Sie für Ihre Kunden und Vertriebsmitarbeiter noch besser herausarbeiten müssen.

KUNDENPROBLEM/BEDÜRFNIS	KAUFENTSCHEIDUNG

 RAUM FÜR IDEEN

Element 4:

Wettbewerbsvorteile. Attraktive Alleinstellungsmerkmale.

Welchen Mehrwert
bieten wir in Relation
zu unseren Marktbegleitern?

Wettbewerbsvorteile sind nichts anderes als „attraktive Alleinstellungsmerkmale". Welchen Mehrwert bietet unser Unternehmen in Relation zu unseren Marktbegleitern („Schneemann des Erfolgs" in Kapitel 1)? Und wie nutzen diese unseren Kunden? Wettbewerbsvorteile müssen wichtig, dauerhaft, effizient sein und wahrgenommen werden. Sie verschaffen Ihnen das kleine Plus, das den Unterschied macht. Es gibt verschiedene Ebenen, auf denen Sie sich differenzieren können:

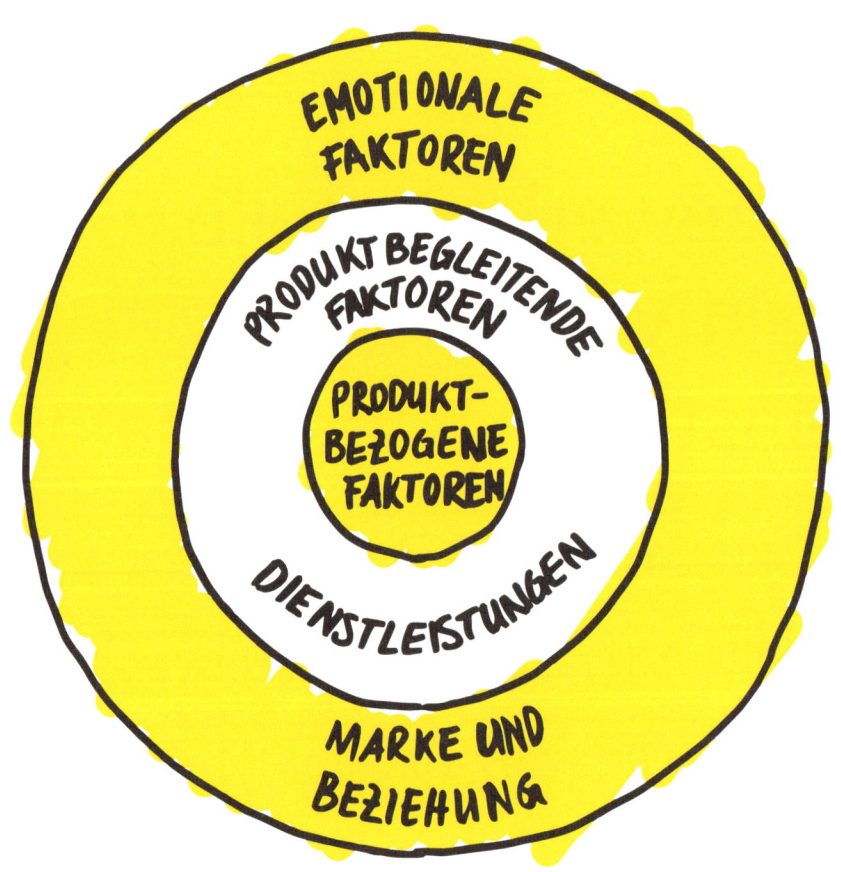

Produktbezogene Ebene

Hier geht es zum Beispiel um Qualität, um Design, um Funktionen. Die Differenzierung auf der Produktebene ist schwierig, denn viele Produkte sind sich sehr ähnlich, viele Dinge werden von den Kunden als selbstverständlich erwartet. Früher konnte man sich durch Qualität unterscheiden, doch Qualität tritt zunehmend in den Hintergrund, da sie der Kunde als selbstverständlich voraussetzt. Wenn Ihr Produkt also nicht etwas absolut Außergewöhnliches ist oder eine nie gekannte Funktion bietet, müssen Sie sich auf den anderen Ebenen attraktiv unterscheiden.

Produktbegleitende Ebene

Darunter versteht man im weitesten Sinne alles, was mit Service und Dienstleistung zu tun hat. Auch hier ist die Unterscheidung nicht einfach, denn der Kunde möchte viele Serviceleistungen umsonst haben. Angebote auf dieser Ebene müssen für den Kunden wirklich einen außergewöhnlichen Nutzen haben, damit er bereit ist, dafür zu bezahlen. Schulungen oder auch die Finanzierung von Produkten könnten so etwas sein. Die Firma Prüfrex bietet neben Hard- und Softwaresystemen für elektronische Steuerungen zusätzlich Workshops für Hersteller an, die die Entwicklung und Fertigung ihrer eigenen Produkte verbessern wollen.

Emotionale Ebene

Die emotionale Ebene bietet in gesättigten Märkten mit ähnlichen Produkten die größten Chancen zur Differenzierung. Hier geht es um Marken und Beziehungen. Die Stadtwerke Forchheim bieten mit ihrer Marke „foOne" seit Anfang 2018 ein eigenes Produkt für Internet und Telefonie an. Die produktbezogene und -begleitende Ebene unterscheidet sich nicht von anderen Marktteilnehmern. „foOne" punktet allein durch den Faktor Nähe, der bereits im Markennamen verankert ist und ausdrückt: „Wir sind in Forchheim direkt vor Ort und sprechen Ihre Sprache! Unendlich nah! Unendlich einfach!"

Vom Versorger zum Problemlöser

Was erwarten Kunden von einem Stadtwerk? Was brauchen die Stadt und die Menschen, die heute und in Zukunft dort leben? Die Antwort lautet nicht „Gas, Wasser, Strom", sondern Sicherheit, Sorglosigkeit und einen Dienstleister, der immer die Komplettlösung für den Kunden im Blick hat. Das Fürther Versorgungsunternehmen infra erkannte, dass es die bestehende Organisationsstruktur nur bedingt erlaubte, den Kunden auf nachhaltige und innovative Weise zufrieden zu stellen. Diese Erkenntnis war der Startschuss für den Wandel vom Versorgungsdienstleister zum Problemlöser.

Aus dem neuen Markenkern (Sicherheit, Sorglosigkeit) und der Unternehmensmission leitet sich der direkte Nutzen für die Zielgruppe ab: Mit persönlichem Einsatz und Kompetenz entwickelt die infra intelligente und einfache Lösungen für ein sorgenfreies und sicheres Leben in der Region. Aus dem Stadtwerk entwickelte sich so – unter anderem – ein Anbieter für e-Ladesäulen. Damit gelingt die Abgrenzung zu hyperdigitalen Anbietern wie „Verivox", die sich Tag für Tag neue Preisschlachten, aber keinen Mehrwert für die Zielgruppe liefern.

TO-DO Erstellen Sie ein Differenz-Eignungs-Profil

Um die Unterscheidungsmerkmale zwischen Ihren Hauptwettbewerbern und Ihrem Unternehmen zu definieren, eignet sich das Differenz-Eignungs-Profil. Es hilft Ihnen,

- Ihre wichtigsten Wettbewerber zu identifizieren,
- die kaufentscheidenden Erfolgsfaktoren aus Kundensicht abzubilden,
- Ihre eigene Position relativ zu Ihren Mitbewerbern zu bewerten.

Listen Sie dafür zunächst in der linken Spalte die kaufentscheidenden Faktoren auf, entweder geordnet nach der Logik der Wettbewerbsvorteile oder nach dem zeitlichen Ablauf einer Kundenbeziehung. Auf der Nulllinie wird der jeweilige Wettbewerber positioniert, links geht es von minus 1 bis minus 5, rechts von plus 1 bis plus 5. Aufgetragen wird nun „Einschätzung eigenes Unternehmen relativ zur Einschätzung des Wettbewerbers". Wenn Sie sich dann links der Nulllinie sehen, erfüllt Ihr Unternehmen die kaufentscheidenden Faktoren schlechter als der Wettbewerber, rechts davon besser. Je größer Ihr Abstand zur Nulllinie ist, desto höher ist der Differenzierungsgrad. Wo Sie auf der Nulllinie liegen, sind Sie austauschbar.

Diese Einschätzung können Sie natürlich selbst oder gemeinsam mit Ihren Mitarbeitern treffen. Dabei laufen Sie allerdings Gefahr, sehr subjektiv zu urteilen. Am besten ist es sicherlich, wenn der Kunde diese Einschätzung trifft. Das können sie zum Beispiel mit qualitativen Interviews oder in Gruppendiskussionen mit Kunden machen, zugegebenermaßen kosten- und zeitintensiv. Auf der anderen Seite haben Sie einen großen Vorteil: Sie erfahren die Kundensicht. Ergänzen können Sie diese Ergebnisse durch quantitative Marktforschung. Damit ergänzen Sie Ihre eigenen Recherchen und reduzieren die Gefahr von Fehleinschätzungen und Fehlentscheidungen.

Nutzen Sie das Differenz-Eignungs-Profil, um mehrere Mitbewerber in einer übersichtlichen Matrix darzustellen. Sie erhalten so eine Antwort auf die Frage: Warum verlieren wir Kunden?

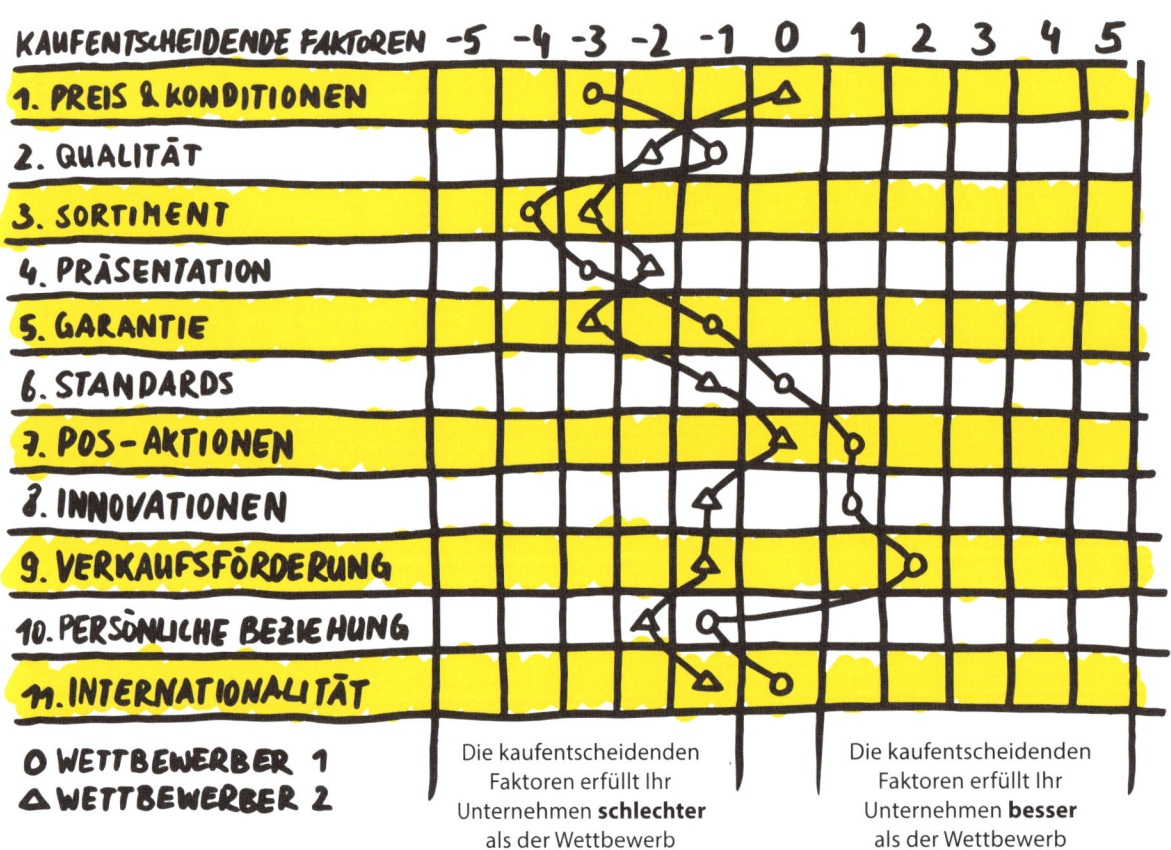

BEWERTUNG MITBEWERBER

KAUFENTSCHEIDENDE FAKTOREN	-5	-4	-3	-2	-1	0	1	2	3	4	5
1. PREIS & KONDITIONEN			O			△					
2. QUALITÄT				△	O						
3. SORTIMENT		O	△								
4. PRÄSENTATION			O	△							
5. GARANTIE			△								
6. STANDARDS					△	O					
7. POS-AKTIONEN					△	O					
8. INNOVATIONEN				△			O				
9. VERKAUFSFÖRDERUNG					△		O				
10. PERSÖNLICHE BEZIEHUNG			△	O							
11. INTERNATIONALITÄT			△	O							

O WETTBEWERBER 1
△ WETTBEWERBER 2

Die kaufentscheidenden Faktoren erfüllt Ihr Unternehmen **schlechter** als der Wettbewerb

Die kaufentscheidenden Faktoren erfüllt Ihr Unternehmen **besser** als der Wettbewerb

Das Differenz-Eignungs-Profil ist ein praktisches Instrument, um die Unterschiede zwischen Ihnen und Ihren Hauptwettbewerbern herauszuarbeiten.

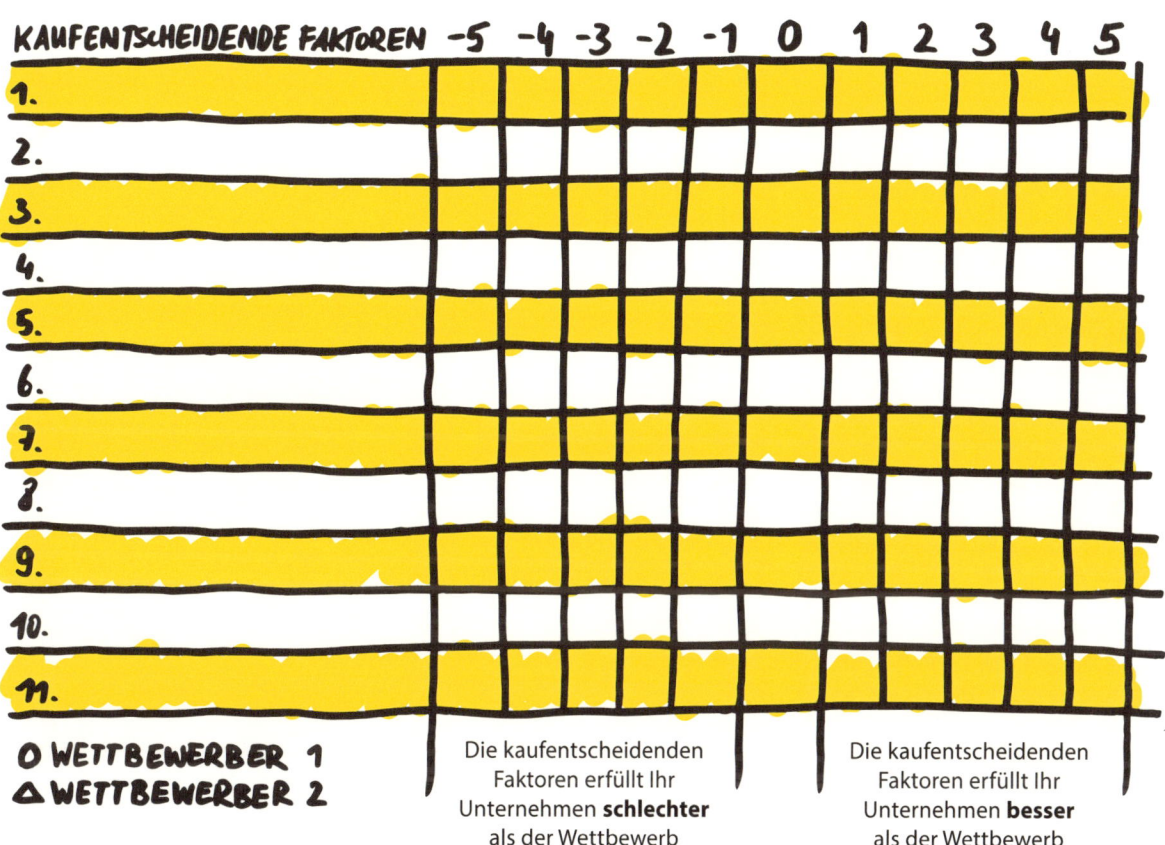

BEWERTUNG MITBEWERBER

KAUFENTSCHEIDENDE FAKTOREN -5 -4 -3 -2 -1 0 1 2 3 4 5

1.
2.
3.
4.
5.
6.
7.
8.
9.
10.
11.

O WETTBEWERBER 1
△ WETTBEWERBER 2

Die kaufentscheidenden Faktoren erfüllt Ihr Unternehmen **schlechter** als der Wettbewerb

Die kaufentscheidenden Faktoren erfüllt Ihr Unternehmen **besser** als der Wettbewerb

Definieren Sie zunächst Ihre Hauptwettbewerber. Tragen Sie dann in der linken Spalte die zentralen, kaufentscheidenden Erfolgsfaktoren aus Kundensicht ein. Bewerten Sie anschließend Ihre eigene Position relativ zu Ihren Mitbewerbern.

Bereich Organisation/Prozesse

Standardisierung nach innen, Individualisierung nach außen

In diesem Bereich befassen wir uns mit den vier Elementen

- CRM
- Canvas Modell
- Vertriebsstruktur
- Vertriebsprozess

Die Vertriebsstruktur muss sich am Kunden ausrichten, deshalb gibt es kein Patentrezept. Der Vertriebsprozess hat sich durch die Digitalisierung verändert, aber eines ist gleich geblieben: Der Kunde erwartet Exzellenz während des gesamten Prozesses. Ein individuell angepasstes CRM-System und moderne Methoden wie das Canvas Modell erleichtern es Ihnen, Zusammenhänge zu erkennen, den Kunden einzuordnen, individuell zu bedienen, die Kosten im Griff zu behalten und die Ressourcen zu konzentrieren.

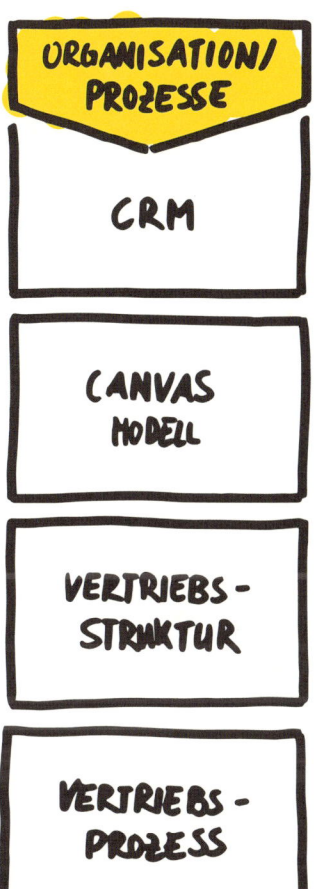

 RAUM FÜR IDEEN

Element 5:

CRM. Transparente Kundenkontaktpflege.

Reicht die Zufriedenheit unseres Kunden für eine Weiterempfehlung?

Customer Relationship Management – CRM – bedeutet im Grund nichts anderes als „transparente Kundenkontaktpflege". Stellen Sie sich zunächst die Frage:

Dokumentieren wir unser Kundenpotenzial digital und transparent?

Vergessen Sie nicht, dass es der Kunde ist, der unsere Gehälter bezahlt. Deshalb sollte es eine Selbstverständlichkeit sein, die Beziehungen zu Entscheidern zu pflegen und auszuschöpfen.

- Schließlich ist es 600 Prozent teurer, neue Kunden zu gewinnen, als vorhandene zu halten.
- 300 Prozent größer ist die Wahrscheinlichkeit bei sehr zufriedenen Kunden, dass sie nachbestellen, als bei nur zufriedenen Kunden.
- Fast 100 Prozent beträgt die Wahrscheinlichkeit, dass sehr zufriedene Kunden zu den besten Werbeträgern werden.
- 95 Prozent der verärgerten Kunden bleiben dem Unternehmen treu, wenn das Problem innerhalb von fünf Tagen gelöst wird.
- 75 Prozent der zu den Wettbewerbern wechselnden Kunden stören sich an mangelnder Servicequalität.

Alles gute Gründe, dafür zu sorgen, dass der Entscheider an jedem Punkt, an dem er Kontakt mit dem Unternehmen hat, die richtige Behandlung erhält. Alle Prozesse und die ganze Organisation müssen darauf ausgerichtet sein. Finden Sie heraus, wie Sie sich verhalten müssen, damit der Kunde mehr als zufrieden ist und das Unternehmen weiterempfiehlt. Ein CRM-System sollte deshalb den gesamten Kundenprozess begleiten. Die Daten sollten digital, transparent und jederzeit von jedem Ort aus greifbar sein. Die Datenbank darf nicht zu komplex sein: Sie soll den Vertrieb unterstützen, nicht beschäftigen. Ein CRM ist eine zwingende Voraussetzung für die Vertriebssteuerung. Es unterstützt die Standardisierung nach innen und die Individualisierung nach außen – eine Zerreißprobe für produzierende Unternehmen.

Machen Sie Ihre Kunden zu Fans

Das heißt nicht, dass Sie den Kunden hätscheln sollen. Es geht um knallharte Zahlen, die Ihnen zeigen, wo Sie einen Zahn zulegen müssen, welche Projekte Sie getrost vergessen können und welche Kunden besonders viel Potenzial haben. Letztlich geht es darum, Kunden auf sich aufmerksam zu machen, sie auf dem Weg zum Abschluss mit den passenden Maßnahmen zu begleiten und zu verhindern, dass sie unterwegs abspringen.

Dabei kann Ihnen der CRM-Vertriebstrichter helfen, der normalerweise in die CRM-Systeme integriert ist. Er ist ein Instrument zur Steuerung des Vertriebs. Er zeigt die Anzahl, den Verlauf und das Potenzial laufender Kundenprojekte und gibt Hinweise auf mögliche Effizienzsteigerungen. Mithilfe des Vertriebstrichters können Sie feststellen, in welcher Phase des Vertriebs (der Customer Journey) Verkaufschancen verloren gehen. Die aktuellen Projekte werden im Vertriebstrichter je nach Fortschritt im Verkaufsprozess in die unterschiedlichen Phasen eingetragen.

Die Phasen können grob eingeteilt werden in Marketing – Identifikation – Validierung – Qualifizierung – Angebot – Verhandlung – Abschluss – After Sale. Am Anfang ist der Trichter sehr breit. Es geht darum, den Kunden auf sich aufmerksam zu machen, er wird immer enger, am Ende steht der Abschluss.

TO-DO

Erstellen Sie Ihren Vertriebstrichter

- Tragen Sie alle Projekte in Stufen gemäß ihrer Fortschritte ein. Ideen gehören ebenso dazu wie die Angebotsebene.
- Ermitteln Sie die so genannten Ratios, das Verhältnis der Trichterebenen zueinander. Dabei geht es im Grunde um die Berechnung der Wahrscheinlichkeit. Sie ist sowohl für den Forecast, als auch für die Steuerung ein wichtiges Instrument.

Der Vertriebstrichter ermöglicht Ihnen nicht nur, festzustellen, wie viele Kunden Sie angehen, wie viele Angebote Sie schreiben und wie viele Aufträge Sie gewinnen müssen, damit die gewünschten Ergebnisse erreicht werden. Er zeigt Ihnen auch, wo Sie Ihre Effizienz steigern müssen. So können Sie beispielsweise unrealistische Projekte in einer frühen Phase des Vertriebsprozesses stoppen und die Ressourcen auf vielversprechendere Projekte konzentrieren.

Mit dem Vertriebstrichter können Sie sich auf hochwertige Projekte konzentrieren.
Sie können den Verkaufsprozess besser und zielgerichteter verfolgen.
Die Zielerreichung wird einfacher, weil Sie stets über aktuelle Informationen verfügen.
Sie können Marketing-Aktionen sinnvoller planen.

TIPP

Manchmal empfiehlt es sich, mehrere Vertriebstrichter zu führen, zum Beispiel einen für Neukunden und einen für Bestandskunden, einen für Online-Kanäle und einen für Offline-Kanäle.

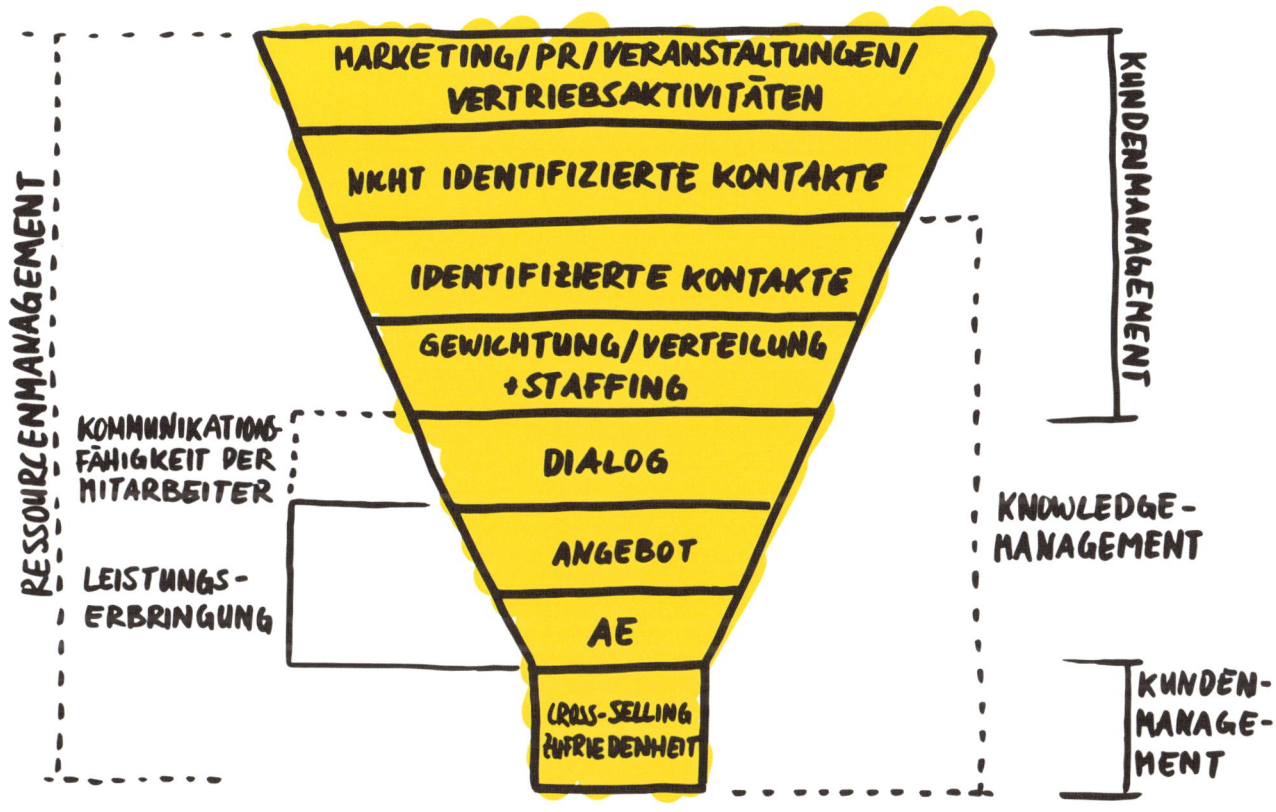

Für den Vertriebstrichter gibt es kein Schema F: Je nach Unternehmen kann er aus drei, zehn oder mehr Stufen bestehen. Egal wie viele Stufen, der Trichter hilft Ihnen, von vielen Interessenten zu einer klar definierten Zielgruppe zu kommen.

 RAUM FÜR IDEEN

Element 6:

Canvas Modell.
Ideen auf dem Prüfstand.

Welche Elemente bringen Wertschöpfung – und welche nicht?

Wie sinnvoll ist Ihr Vertriebsmodell?

Das Canvas kommt eigentlich von Business Model Canvas. Damit visualisieren und testen Start-ups, ob ein Geschäftsmodell überhaupt unternehmerisch sinnvoll ist. Es erlaubt einen Röntgenblick auf die Wertschöpfung und ist viel flexibler und realitätsnäher als ein Businessplan. Jede Idee braucht ein funktionierendes Geschäftsmodell. Das Business Model Canvas unterstützt dabei, alle Elemente eines erfolgreichen Geschäftsmodells in ein skalierbares System zu bringen. Start-ups befinden sich in der Regel noch in der Suchphase und sind sich noch nicht vollkommen über ihr Geschäftsmodell im Klaren. Mit dem Business Model Canvas kann man verschiedene Varianten eines Geschäftsmodells schnell miteinander vergleichen. Mittlerweile wird die Methode auch genutzt, um bestehende Geschäftsmodelle auf den Prüfstand zu stellen und für die Zukunft weiterzuentwickeln.

Nutzen Sie diese Methode, um Ihr eigenes Geschäftsmodell und Ihre Vertriebslogik abzubilden. Die Canvas-Methode zeigt Ihnen, ob es stimmig ist. Wenn Sie neue Ideen, zum Beispiel für ein Produkt haben, können Sie mithilfe der Canvas-Methode schnell überprüfen, ob es überhaupt eine Erfolgschance hat. Canvas bedeutet übrigens Leinwand, entsprechend sollten Sie auch vorgehen: Übertragen Sie das auf den folgenden Seiten abgebildete Schema auf ein großes Blatt oder eine Wand und bilden Sie so Ihr Geschäftsmodell übersichtlich und auf einen Blick ab. Alles, was Sie hier nicht zuordnen können, bringt keine Wertschöpfung.

Egal, wie das Geschäftsmodell aussieht:
Es spielt keine Rolle, was irgendjemand davon hält,
wenn die Kunden es nicht mögen.

Paul Gratton, CEO von Egg (Internetbank aus England)

Letztlich sollten Sie mit dem Canvas die Frage klären können, wie die Architektur Ihrer Wertschöpfung heute und morgen aussieht. Das Canvas ist in neun Felder aufgeteilt.

Das Business Model Canvas für den Vertrieb

Das Canvas macht die Struktur der Wertschöpfung für den Vertrieb transparent und ermöglicht ihm, seine Kanäle sinnvoll zu bespielen und seine Kräfte entsprechend einzusetzen, anstatt sich zu verzetteln und eventuell Kanäle zu bespielen, die vom Kunden überhaupt nicht gewünscht werden. Erstellen Sie für jedes Produkt oder jede Dienstleistung, die Sie an den Mann oder die Frau bringen möchten, ein eigenes Canvas. Das schafft Klarheit über die Kundengruppen, die Kundenbeziehungen und die Vertriebskanäle, ohne dass man dabei Kosten und Erträge aus den Augen verliert.

1. Kunden

Kunden sind der Grund für die Existenz einer Organisation. Für wen schaffen Sie einen nachhaltigen Mehrwert? Listen Sie Ihre wichtigsten Kundengruppen auf.

2. Wertangebot

Ihre Fähigkeit, außergewöhnlichen Wert anzubieten, ist der Hauptgrund, weshalb Kunden Ihr Unternehmen einem anderen vorziehen. Unter Wertangebot versteht man alles, was Sie an Dienstleistungen und Produkten anbieten. Dazu zählen Dinge wie Design, Preis, Marke oder auch Bequemlichkeit. Welchen Mehrwert bieten Sie Ihren Kunden und welche Kundenprobleme lösen Sie mit Ihrem Angebot?

3. Vertriebskanäle

Listen Sie hier auf, wo sich Kunden über Ihr Angebot informieren, es bewerten und kaufen können. Es geht um die Frage, mit welchen Kanälen Sie Ihre Kunden erreichen, wie sie vernetzt sind und wie Sie sie in die Kaufprozesse der Kunden integrieren. Wie interagieren Sie mit Ihren Kunden, angefangen vom Erregen von Aufmerksamkeit, über Vertriebswege und Lieferung bis zum Service nach dem Verkauf? Stellen Sie alle Kanäle dar, die Sie bespielen: online, offline, Telefon, Shop, Internet etc.

4. Kundenbeziehungen

Hier geht es um die Frage, wie Kundenbeziehungen angebahnt und gepflegt werden sollen und wie sie in den Rest des Geschäftsmodells integriert sind. Kunden erwarten je nach Angebot eine bestimmte Art von Service und Umgang. Wenn Sie via Internet Software as a Service anbieten, kann es sein, dass die Interaktion mit dem Kunden fast hundertprozentig automatisiert ist. Bei anderen Modellen ist vielleicht die persönliche Interaktion notwendig. Organisationen müssen eindeutig festlegen, welche Art von Kundenbeziehung ihre Kunden bevorzugen. Wie man die Kundenbeziehung gestaltet, ist ein wichtiger Bestandteil des Geschäftsmodells und sollte klar definiert sein. Wie gewinnen, halten und upgraden Sie Ihre Kunden?

5. Umsatz

In erster Linie geht es in diesem Feld um die Frage: Woher kommt in diesem Modell das Geld? Ebenso wichtig ist jedoch die Frage, wofür die Kunden zu zahlen bereit sind und wie sie am liebsten zahlen möchten. Betrachten Sie, wie die Kunden zurzeit für eine solche Leistung zahlen und wie sie bevorzugt zahlen würden. Oft gibt es mehrere Wege, Geld zu verdienen. Mit dem Canvas können Sie verschiedene Optionen durchspielen und neue Geschäftsmodelle identifizieren.

6. Schlüsselressourcen

Stellen Sie in diesem Feld die verschiedenen Ressourcen dar, die Sie zur Erbringung Ihrer Leistung benötigen. Es gibt vier verschiedene Arten von Ressourcen: menschliche (Motivation, Kompetenz, Kultur), physische (Grundstücke, Maschinen, Fahrzeuge), geistige (Marken, Methoden, Patente) und finanzielle (Bargeld, Kreditlinien). Welche Hauptressourcen benötigen Sie für Ihr Geschäftsmodell, Ihre Vertriebskanäle, Ihre Kundenbeziehungen und Ihre Einkommensströme?

7. Schlüsselaktivitäten

Hier werden die wichtigsten Dinge dargestellt, die eine Organisation tun muss, damit ihr Geschäftsmodell funktioniert. Es wird zwischen „Ausführen" (Herstellung, Entwicklung), „Verkaufen" (Werbung, Marketing) und „Unterstützen" (Verwaltung, Buchhaltung, Personal) unterschieden. Klären Sie also, welche Aktivitäten Ihr Nutzenversprechen, Ihre Vertriebskanäle, Ihre Kundenbeziehungen und Ihre Einkommensströme verlangen.

8. Schlüsselpartner

Schlüsselpartner sind Ihre Netzwerkpartner, die dafür sorgen, dass das Geschäftsmodell effektiv ist und funktioniert. Kein Unternehmen kann alles selbst ausführen und jede Ressource selbst besitzen. Listen Sie in diesem Feld Ihre wichtigen Zulieferer auf, welche Ressourcen sie Ihnen zur Verfügung stellen und welche Aktivitäten sie ausführen. Hier können zum Beispiel Logistikdienstleister, Rohstofflieferanten oder IT-Dienstleister aufgeführt werden.

9. Kosten

Der Einkauf von Schlüsselressourcen, die Durchführung von Schlüsselaktivitäten und die Zusammenarbeit mit Schlüsselpartnern verursachen Kosten. Listen Sie diese auf, um zu sehen, welches die Hauptkosten Ihres Geschäftsmodells sind.

TIPP

Alles, was Sie nicht in den neun Punkten des Canvas unterbringen, können Sie getrost weglassen. Es ist nicht wertschöpfend. Das Canvas ermöglicht Ihnen eine realistische Sichtweise auf konkrete Ideen.

Kundenbeziehung, Ressourcen, Team: Mit dem Business Model Canvas verschaffen Sie sich spielend leicht einen Überblick über die neun Schlüsselfaktoren Ihres Geschäftsmodells.

 **TO-DO**

Erstellen Sie Ihr Business Model Canvas für den Vertrieb

Welche sind die neun Schlüsselfaktoren Ihres Geschäftsmodells? Die Ergebnisse können Sie im Anschluss ausformulieren und optional mit einem Finanzplan ergänzen oder bei einer Neugründung in den Businessplan einfließen lassen.

 RAUM FÜR IDEEN

Element 7:

Vertriebsstruktur.
Absolute Transparenz.

Schöpfen wir das
Potenzial unserer Kunden
voll aus?

Vergessen Sie die Gießkanne

Kein Unternehmen kann es sich heute mehr leisten, beim Vertrieb nach dem Gießkannenprinzip vorzugehen und alle Kunden auf die gleiche Weise anzusprechen und zu bearbeiten. Genauso wenig sinnvoll ist es, alle Vertriebsmitarbeiter aufeinander loszulassen und Ihren Erfolg ausschließlich am Umsatz zu messen. Viel sinnvoller ist es, sich an der Wertschöpfung durch die Kunden und dem Potenzial der Vertriebsgebiete zu orientieren. In **Element 1, Marktpotenzial**, haben wir Ihnen das **wertorientierte Kundenportfolio** vorgestellt, mit dem Sie Potenzialkunden identifizieren können. Diese Erkenntnisse spielen ebenso wie die Daten aus dem CRM eine wichtige Rolle bei der Strukturierung Ihrer Vertriebsorganisation.

 TO-DO

Schaffen Sie Transparenz in den Vertriebsgebieten

Vertriebsgebiete werden üblicherweise nach Branchen oder nach Postleitzahlen, Regionen, Ländern oder Erdteilen aufgeteilt. Oft handelt es sich um gewachsene Strukturen, die von den zuständigen Mitarbeitern gegen jede Neuorganisation verteidigt werden: „Das ist mein Gebiet." Meistens wird bei der Struktur von Vertriebsgebieten darauf geachtet, ob es sich um einen kulturellen Raum handelt, ob es einfach beschrieben werden kann, zum Beispiel durch Postleitzahlen, ob sich dort eine Produktionsstätte befindet und ähnliches mehr. Was nur selten in Betracht gezogen wird, ist die Anzahl der Kunden im Vertriebsgebiet und deren Potenzial. Das macht Vertriebsgebiete nicht vergleichbar und verhindert den richtigen Einsatz von Ressourcen. Bevor Sie also Vertriebsgebiete neu strukturieren, befassen Sie sich mit den Kunden:

- Wie wichtig sind die Kunden im Vertriebsgebiet für das Unternehmen?
- Denken Sie an Feld 1 und das wertorientierte Kundenportfolio und an Herrn Pareto (meistens erzielen 20 Prozent der Kunden 80 Prozent des Umsatzes).
- Wie wichtig ist das Unternehmen für die Kunden?
- Analysieren Sie, wie viel vom gesamten Kundeneinkaufspotenzial eines Jahres der Kunde beim Wettbewerb bezieht.

Sie sollten mindestens wissen, wie hoch der Umsatzanteil, besser noch der Wertschöpfungsbeitrag der einzelnen Vertriebsgebiete ist. Nur so können Sie Ihre Ressourcen sinnvoll einsetzen.

Kundensegmentierung – Potenziale ausschöpfen

Ziel der Kundensegmentierung ist es, die Kunden entsprechend ihrer Bedürfnisse zu betreuen und so langfristig an das Unternehmen zu binden. Letztlich geht es um die strategische Kundenentwicklung. Das Wort „Entwicklung" sagt es schon: Der Kunde soll entwickelt werden, das gesamte Potenzial, das er für das Unternehmen hat, soll ausgeschöpft werden. Es geht also nicht nur um den Umsatz, den das Unternehmen bisher mit dem Kunden gemacht hat, sondern vor allem um den, den es darüber hinaus machen könnte und den vermutlich bisher der Wettbewerb macht. Zusätzlich zu den Umsatzzahlen und der Potenzialanalyse sollten Erfahrungswerte und die Daten aus dem CRM zur Analyse genutzt werden. Am Ende der Analyse sollten Sie Antwort auf die Frage geben können:

Was unternehmen wir, um mit diesem Kunden eine höhere Wertschöpfung zu erzielen?

Durch die Kundensegmentierung können Sie einen Plan machen, um Kunden zu behalten, auszubauen oder neu zu gewinnen. Sie können Ressourcen sparen und sie wertschöpfend einsetzen. Es geht nicht mehr darum, möglichst viele Kundentermine zu machen, sondern die richtigen mit den richtigen Kunden.

TO-DO

Bauen Sie Ihre Vertriebsorganisation von außen nach innen auf – vom Kunden aus

So könnte eine Vertriebsorganisation auf Basis der Kundensegmentierung aussehen:

Global Accounts, also strategisch bedeutsame Schlüsselkunden, die an verschiedenen internationalen Standorten weltweit standardisierte Produkte oder Dienstleistungen nachfragen, sollten zum Beispiel von Global Account Managern bedient werden, von denen einer nicht mehr als zehn Kunden bedient. Für so genannte Named Accounts ist eine 1:1-Betreuung empfehlenswert, auch unter dem Gesichtspunkt, dass bei großen Unternehmen und Konzernen heute bereits 5,4 Personen an einer Entscheidung beteiligt sind. Global Account und Named Account Manager sind nicht einfach Verkäufer, sondern sie sind an der Entwicklung des von ihnen betreuten Unternehmens beteiligt. Sie erhöhen durch ihre Arbeit idealerweise die Wertschöpfung ihrer Kunden. Ein Account Manager kann bis zu 50 Großkunden betreuen. Der Vertriebsaußendienst (Field Sales) beziehungsweise der technische Vertrieb konzentriert sich auf Mittelstandskunden, der Vertriebsinnendienst ist zuständig für After Sales und agiert als Schnittstelle zwischen Produktion und Logistik.

Die Frage, die Sie am Ende für Ihren Vertrieb beantworten müssen, lautet:
Ist unser Vertrieb richtig strukturiert, um die kaufentscheidenden Faktoren unserer Kunden bedienen zu können?

One-Man-Show auf dem Abstellgleis

Eine Vertriebsorganisation kann nur dann gut funktionieren, wenn ihre einzelnen Bereiche und Mitglieder als Team zusammenarbeiten. Schließlich geht es nicht nur darum zu verkaufen. Allerdings gleichen Vertriebsorganisationen manchmal eher einem egoistischen Haufen, einer Ansammlung von Alphatieren, die vor allem auf den eigenen Erfolg schielen. Das wird begünstigt durch Provisions- und Prämiensysteme, die hohe Umsätze belohnen, ohne die Wertschöpfung – aktuell und künftig – einzubeziehen. Oft gleicht das Vertriebsteam auch einem Söldnerhaufen, der zwar gemeinsame Ziele verfolgt, aber keine gemeinsamen Werte teilt. Ein Team dagegen verfolgt gemeinsame Ziele und teilt gemeinsame Werte. Der Teamgedanke kann verstärkt werden, indem bei der Entlohnung eine Teamkomponente enthalten ist, zum Beispiel ein Festgehalt plus eine Teamprämie.

Falls Sie Zweifel haben: Eine Gruppe ist immer stärker als der Einzelne. Durch den Taylorismus haben wir dieses Wissen verdrängt. Wir handeln nach dem Prinzip „oben wird gedacht, unten gemacht", aber das verhindert Mitdenken und die Übernahme von Verantwortung. Doch wenn der Markt immer schneller und innovativer wird, brauchen wir Menschen, die die Initiative ergreifen und Verantwortung für das gesamte Unternehmen übernehmen. Es wird darum gehen, Wissen und Erfahrung zu teilen. Die One-Man-Show im Vertrieb gehört der Vergangenheit an. Der Vertrieb muss sich nach den kaufentscheidenden Faktoren richten. Es geht nicht mehr um „entweder – oder", sondern um „sowohl – als auch". Die Linienorganisation mit dem Chef an der Spitze muss sich bald ändern – Agilität ist gefragt. Die Organisation wird sich öffnen müssen, um zu überleben, auch und besonders zum Kunden hin.

Eine Vertriebsorganisation ist nur so gut wie Ihr Wissen über den Kunden.

Der Verkauf ist nur ein Teil der Vertriebsorganisation, wenn auch ein sehr wichtiger. Darüber hinaus werden die Strukturen durch die steigende Vielzahl der Vertriebskanäle komplexer, der Abstimmungsbedarf höher. Das Vertriebsteam ist darauf angewiesen, mit anderen Teams, Gruppen und Abteilungen innerhalb und außerhalb des Unternehmens zusammenzuarbeiten. Je nachdem wie sich der Markt entwickelt, muss sich der Vertrieb anpassen. Das könnte zum Beispiel bedeuten, dass zusätzliche Strukturen geschaffen werden müssen, wie ein Team für den Online-Handel, das gebietsübergreifend oder branchenübergreifend arbeitet. Je schneller sich der Markt und die Kundenbedürfnisse ändern, desto wichtiger ist es, dass der Vertrieb das Feedback der Kunden und seine Erkenntnisse aus der Kundenbetreuung wieder in die Organisation zurückträgt. Nur auf diese Weise kann gewährleistet werden, dass sowohl Produkte und Dienstleistungen als auch Vertriebskanäle so ausgelegt sind, dass sie dem Kunden und damit Ihrem Unternehmen optimalen Nutzen bringen.

RAUM FÜR IDEEN

 RAUM FÜR IDEEN

Element 8:

Vertriebsprozess.
Phasenweise Umsetzung.

Wie verändert sich der Entscheidungsprozess unserer Kunden?

Konsequente Umsetzung der Vertriebsphasen

 **Der Vertriebsprozess besteht aus fünf Phasen:**

Nullkontakt ➡ **Kontaktphase** ➡ **Kompetenzbeweis** ➡ **Abwicklung** ➡ **Kundenbindung**

In der ersten Phase geht es darum, dass der potenzielle Kunde das Unternehmen und dessen Angebot überhaupt wahrnimmt. Hier kommen Marke, Werbemaßnahmen und Nutzenversprechen zum Tragen. Der Vertrieb nimmt die Rolle des Jägers ein.

Ist das Angebot für den Kunden interessant, nimmt er in irgendeiner Form Kontakt auf. Das können Anfragen per Telefon oder E-Mail sein, ein Besuch auf der Unternehmenswebsite oder der Gang in einen Laden. Hier müssen Sie Ihre Akquisitionskompetenz beweisen. Im besten Fall macht der Interessent einen Termin für ein Gespräch aus.

Diese beiden Phasen sind bei weitem die teuersten Phasen, denn Sie bewegen sich sozusagen auf unbekanntem Terrain. Solange der Kunde keinen Kontakt mit Ihnen aufnimmt, wissen Sie nicht einmal, dass es ihn gibt und dass er Interesse an Ihrem Angebot hat. Besonders kritisch ist Phase 1 im Online-Vertrieb. Der Kunde wird Bewertungen Ihrer Produkte oder Dienstleistungen lesen, sich in Foren, Blogs und den sozialen Medien austauschen und möglicherweise abspringen, bevor Sie überhaupt eine Chance hatten, ihn vom Wert Ihres Angebots zu überzeugen. Deshalb ist es heute für jedes Unternehmen wichtig, online Präsenz zu zeigen. Damit ist nicht nur die eigene Website gemeint, sondern auch die sozialen Medien, Fachforen etc. Das gilt nicht nur für den B2C-Bereich, sondern zunehmend für den B2B-Bereich. Schließlich gibt es mittlerweile schon Bewertungsportale für Unternehmen und Handwerk.

Und noch etwas haben die meisten Kunden aus der Online-Welt übernommen: Verfügbarkeit 24 Stunden am Tag, sieben Tage die Woche.

In Phase 3 sollte ein Auftrag, ein Abschluss erfolgen. Ihre Kompetenz beweisen Sie hier durch einen professionellen Vertrieb, der die kaufentscheidenden Faktoren besser bedient als der Wettbewerb. Der Vertrieb wandelt sich vom Jäger zum Farmer, der seinen Kunden betreut und ihn zum zufriedenen Kunden und Wiederkäufer entwickelt.

In der Abwicklungsphase sollten Sie sich durch überlegene Prozesse auszeichnen. Der Kunde sollte bei jedem Kontakt mit dem Unternehmen zufrieden sein und immer über den Fortschritt seines Auftrags informiert werden. Natürlich muss auch das Angebot selbst seinen Erwartungen entsprechen und ihm den versprochenen Nutzen bieten.

In der fünften Phase geht es um Kundenbindung. Hier kommt der After Sale zum Einsatz, der sich wiederum durch Akquisitionskompetenz auszeichnen sollte. Übrigens gehört auch die Abwicklung von Reklamationen zum After Sale. Ein ausgezeichnetes Reklamationsmanagement ist ein starkes Kundenbindungstool.

In jeder Phase des Vertriebsprozesses gibt es Reibungsverluste.

Am Ende des Prozesses werden von den ursprünglichen Interessenten nur wenige, die Käufer, übrigbleiben. Angesichts der kostenintensiven ersten beiden Phasen, in denen Sie sich um den ersten Kontakt bemühen, zeigt sich einmal mehr die hohe Wichtigkeit der Kundenbindung. Es ist allemal billiger, einen Kunden zu binden, als einen neuen zu gewinnen. In den Phasen 3 bis 5 sollten Sie deshalb unbedingt Ihre Kompetenz beweisen und den Kunden immer wertvoll behandeln. Setzen Sie auf das Team. Ein Kunde, der bei einer Reklamation schlecht behandelt wird, könnte abspringen, egal ob das Marketing und der Verkäufer ihre Sache gut gemacht haben.

Und setzen Sie nicht darauf, dass er wegen des tollen Produkts bleibt – es ist selten, dass ein Produkt so einzigartig ist, dass es nicht auch anderswo verfügbar wäre. Auch eine Marke hilft in solchen Fällen nur bedingt. Wenn BMW „Freude am Fahren" verspricht, das Auto stehen bleibt und der Kunde zwei Wochen auf die Reparatur warten müsste, ohne dass ihm ein gleichwertiger Ersatz angeboten wird, befasst er sich garantiert mit anderen Marken.

TIPP **Nutzen Sie auch bei der Kundenbindung die digitalen Möglichkeiten. Für schwer erklärbare Produkte sind Kundenforen durchaus ein sinnvolles Instrument. Der Elektronik-Händler Conrad ist hier ein leuchtendes Beispiel. Seine Produkte sind physisch, die Fangemeinde digital. Bitten Sie Ihre Kunden um Feedback und Bewertungen, belohnen Sie sie dafür.**

Binden Sie den Service und Monteure ein. Die Inbetriebnahme einer Maschine beim Kunden eignet sich hervorragend dafür, weitere Probleme und Bedürfnisse der Kunden kennenzulernen. Schicken Sie qualifiziertes und erfahrenes Fachpersonal, das sich mit dem Kunden auf Augenhöhe austauschen kann und erkennt, wo sich Ansätze für Folgeverkäufe ergeben könnten.

Online verändert offline

Durch die Digitalisierung hat sich der Entscheidungsprozess des Kunden beim Kauf eines Produkts oder einer Dienstleistung grundlegend verändert. Am Anfang steht heute die internetbasierte Recherche, zunehmend auch im B2B-Bereich und natürlich auch für Offline-Produkte. Dem Kunden steht nicht nur die Unternehmenswebsite zur Verfügung, sondern er kann sich überall im Netz an beliebigen Stellen Informationen besorgen, und zwar immer und überall. Er liest Bewertungen und Tests, informiert sich über die Erfahrungen anderer mit dem Verkäufer, dessen Service und vieles mehr. Aufgrund dieser Recherche entscheidet er, welche Anbieter er überhaupt in die Auswahl einbezieht. Google nennt das den „Zero Moment Of Truth – ZMOT". Alle Anbieter, die der Kunde bei seiner Entscheidung links liegen lässt, wissen weder, dass sie durch den Rost gefallen sind, noch weshalb. Sie wissen nicht einmal, dass sie im Spiel waren. Sie haben keine Möglichkeit, die Kaufentscheidung des Kunden zu beeinflussen. Bevor wir einen

Anbieter ins Auge fassen, schließen wir die anderen schon einmal aus. ZMOT ist der Moment, in dem Verbraucher Entscheidungen treffen, die über den Erfolg und den Misserfolg von Unternehmen und Marken in der ganzen Welt entscheiden. Darin unterscheiden sich übrigens B2B-Kunden nicht von B2C-Kunden.

Google-Buchautor Jim Lecinski berichtet über eine Google-Studie, für die 5.000 Käufer in zwölf unterschiedlichen Branchen befragt wurden. Dabei kam heraus, dass der durchschnittliche Shopper 2011 10,4 verschiedene Informationsquellen vor einer Kaufentscheidung nutzte, darunter Fernsehspots, Zeitschriftenartikel, Empfehlungen von Freunden und Familie, Websites, Bewertungen und Blogs. 2010 waren es nur 5,3 Quellen.

Innerhalb eines Jahres hat sich die Anzahl der Informationsquellen also fast verdoppelt. Die meisten Käufer nutzten als Einstieg in die Informationssuche übrigens eine Suchmaschine. Ebenfalls die meisten Käufer, über 80 Prozent, identifizierten den ZMOT als entscheiden-den Faktor der Kaufentscheidung. Die ständige Verfügbarkeit mobiler Geräte erhöht die Möglichkeiten der Onlinesuche weiter. Das Internet ist immer verfügbar, wir tragen es in der Hosentasche oder der Handtasche.

Jeder Unternehmer, jeder Marketing- oder Vertriebsverantwortliche, sollte einmal in eine Suchmaschine den Namen seines Angebots/Produkts eingeben. Die Unternehmens- oder Markenwebsite sollte unter den ersten Ergebnissen sein. Danach sollte man den Produktnamen und „Bewertungen" eingeben oder „die beste Motorsäge" oder welches Angebot auch immer. Die Ergebnisse zeigen schnell, ob man attraktiv für potenzielle Kunden ist.

Beim ZMOT geht es im Wesentlichen immer um eine von drei Fragen:
- Spart mir das Produkt Geld?
- Spart es mir Zeit?
- Macht es mein Leben besser/einfacher/glücklicher?

Damit sind wir wieder bei der Nutzenfrage. Die Aufgabe von Marketing und Vertrieb ist es nicht mehr, allgemeine Werbebotschaften zu streuen, sondern dem Kunden diese drei dringenden Fragen zu beantworten. Früher konnten Unternehmen kontrollieren, wie sich das Unternehmen in der Öffentlichkeit darstellte, heute müssen sie darum kämpfen, dass andere sie und ihre Produkte positiv sehen und darstellen, deren Meinung und Veröffentlichungen es nicht mehr kontrollieren kann. Dafür sind Botschaften und Inhalte nötig, die Kunden und Multiplikatoren teilenswert erscheinen, die sie ihren Freunden und Geschäftspartnern weitergeben.

 *Reputation muss verdient werden mit den richtigen Inhalten zur richtigen Zeit am richtigen Ort.*

 Und noch etwas erwartet der Kunde heute von einem professionellen Vertriebsprozess: Er möchte überall dort abgeholt werden, wo er sich gerade befindet – offline und online. Das heißt, wenn er ein Produkt online recherchiert hat, möchte er eventuell mit einem Vertriebsmitarbeiter am Telefon sprechen, aber sein Produkt trotzdem online kaufen. Wenn er reklamiert, erwartet er, dass sein Online-Chat-Partner weiß, was er mit dem Kollegen am Telefon vor zwei Tagen besprochen hat. Das können Sie nur mit einem CRM-System leisten.

TO-DO   Überprüfen Sie Ihre Prozessschritte und steigern Sie die Effektivität Ihres Vertriebsprozesses

In jeder Phase des Vertriebs gehen Kunden verloren. Um das gegebene Leistungsversprechen in jedem Schritt einhalten zu können, überprüfen Sie die Prozessschritte auf Sinnhaftigkeit und Funktionalität und steigern mit den entsprechenden Maßnahmen die Effektivität Ihres Vertriebsprozesses. Damit kann Ihr Unternehmen im Tagesgeschäft sicher erfolgreicher werden.

Überprüfen Sie jeden Prozessschritt einzeln: Wo haben Sie mehr, wo weniger Bedarf zur Verbesserung? Was können Sie besser, schneller, effektiver tun? Was ist überflüssig? Welche Kompetenzen und Aktivitäten fehlen Ihnen zur Optimierung der Prozesse? Was brauchen Sie als Grundlage für den nächsten Prozessschritt?

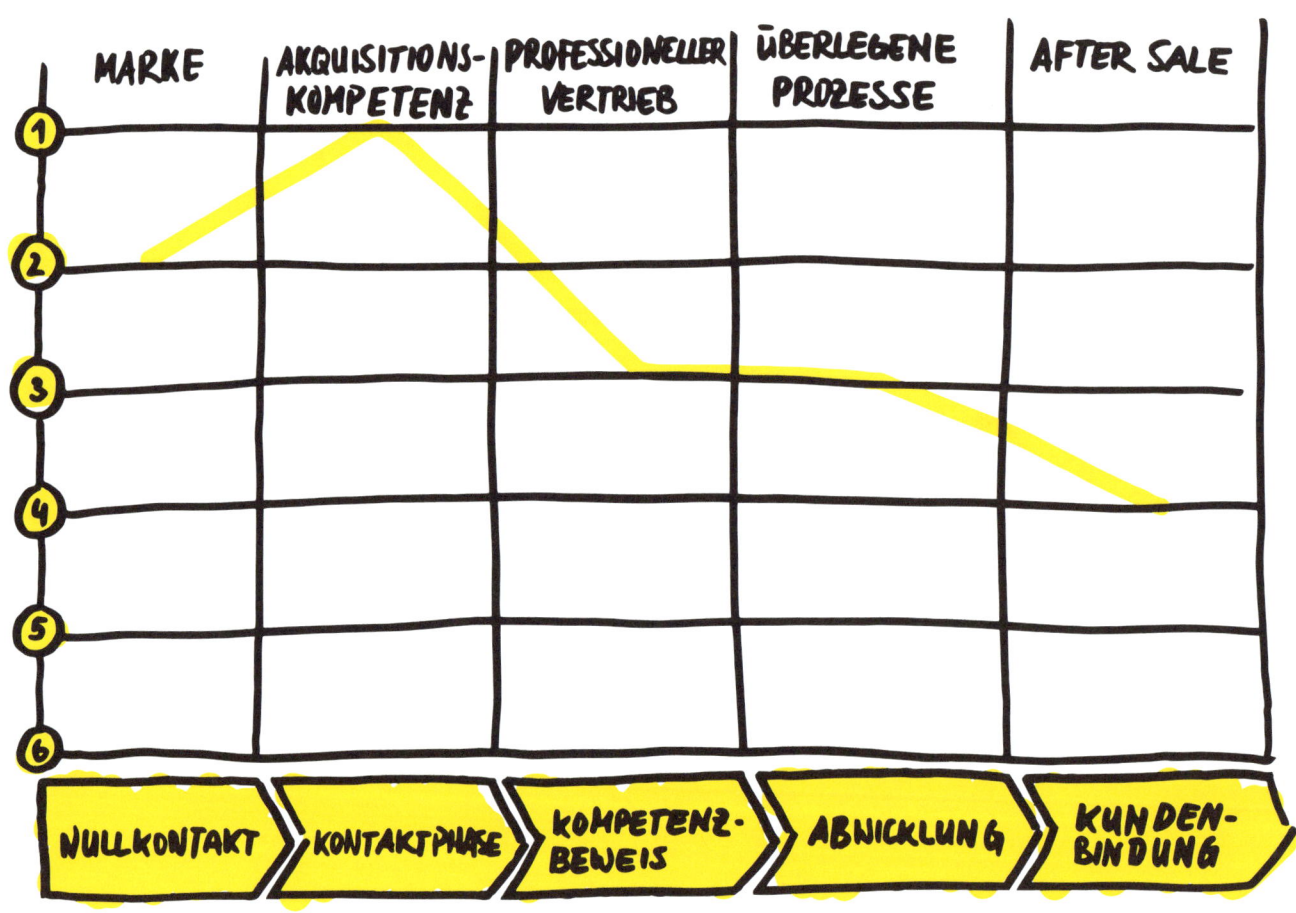

	MARKE	AKQUISITIONS-KOMPETENZ	PROFESSIONELLER VERTRIEB	ÜBERLEGENE PROZESSE	AFTER SALE
1					
2					
3					
4					
5					
6					

NULLKONTAKT → KONTAKTPHASE → KOMPETENZ-BEWEIS → ABNICKLUNG → KUNDEN-BINDUNG

Der Vertriebsprozess bildet alle Entscheidungen und Aktivitäten von der Akquisition neuer Kunden über die Entscheidung für bestimmte Vertriebskanäle bis hin zu Rückgewinnung ehemaliger Kunden ab.

 RAUM FÜR IDEEN

Bereich
Führung

Führungskräfte müssen Leistung erzeugen

In diesem Bereich werfen wir unser Augenmerk auf die Elemente neun bis zwölf:

- Controlling
- Leistungsbedingungen
- Anforderungsprofile
- Kultur

 *Die Aufgabe einer Führungskraft ist es, Leistung zu erzeugen.*

Führungskräfte müssen die Bedingungen schaffen, unter denen sich die Mitarbeiter entwickeln können, wollen und dürfen. Aus Motivation (Wollen) multipliziert mit Kompetenz (Können) entsteht Leistung. Führungskräfte, die lediglich entscheiden und kontrollieren, erziehen ihre Mitarbeiter zu Ausführenden und begrenzen damit deren Leistung.

Die Aufgaben einer wirksamen Führungskraft:

- Sinnvolle Ziele entwickeln, kommunizieren und kontrollieren.
- Individuelle Handlungsspielräume schaffen und die Zusammenarbeit im Team fördern.
- Abläufe gestalten, überprüfen und kontinuierlich verbessern.
- Zeitnah, regelmäßig und umfassend kommunizieren.
- Die richtigen Mitarbeiter suchen und sie entsprechend der Anforderungen aus- und weiterbilden.
- Attraktive Arbeitsbedingungen schaffen und sich auch um persönliche Anliegen kümmern.
- Chancen erkennen und kreative, effiziente Lösungen erarbeiten.
- Jeden Mitarbeiter wertschätzen, unmittelbar konstruktives Feedback geben, gute Leistungen loben und Fehlverhalten tadeln.

 *Führungskräfte, die ihre Aufgaben nicht wahrnehmen, sind ein strategisches Risiko.*

 RAUM FÜR IDEEN

 RAUM FÜR IDEEN

Element 9:

Controlling. Willkommen im Vertriebscockpit.

Entwickeln, kommunizieren und kontrollieren wir sinnvolle Ziele?

Machen Sie Ihre Vertriebs- mitarbeiter zu Piloten

Voraussetzung für ein funktionierendes Controlling sind sinnvolle Ziele, die von den Führungskräften entwickelt, kommuniziert und kontrolliert werden. Damit wird regelmäßig überprüft, ob das Marktpotenzial ausgeschöpft wird. Dazu sollten Kennzahlen entwickelt werden, die in einem Cockpit mit einem Ampelsystem abgebildet werden. Die wichtigsten dieser Zahlen werden Eingang in das Unternehmenscockpit finden. In einem Vertriebscockpit wiederum können Sie weiter in die Tiefe gehen. Aber verzetteln Sie sich nicht. Nicht die Menge der Kennzahlen ist entscheidend, sondern ihre Qualität.

Kennzahlen sollten sich eindeutigen Zielen zuordnen lassen und durch ihren Namen auf ihre Bedeutung schließen lassen. Sie sollten zu vertretbaren Kosten erzeugt werden können, und es sollte einen Verantwortlichen für jede Zahl geben. Vergessen Sie nicht, für die Kennzahl eine Erhebungsfrequenz (jährlich, monatlich) und erlaubte Abweichungen für grünes und gelbes Ampellicht festzulegen.

Ihre Kennzahlen sollten der Vertriebssteuerung dienen und nicht in erster Linie der Kostenkontrolle und -ersparnis.

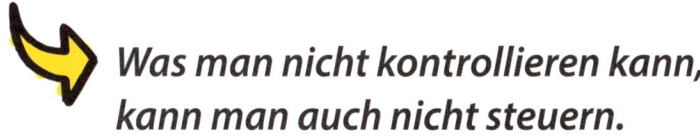

Was man nicht kontrollieren kann,
kann man auch nicht steuern.

Ein Cockpit gibt Ihnen die Möglichkeit, sich Ihre Kunden genauer anzuschauen und sich auf diejenigen zu konzentrieren, die tatsächlich wertschöpfend sind. Jedes Unternehmen muss seine eigenen Kennzahlen entwickeln, denn nicht jede Kennzahl ist für jedes Unternehmen wichtig. Es gibt jedoch einige, die allgemein als sinnvoll betrachtet werden.

TO-DO

Erstellen Sie Ihr Vertriebscockpit

Nehmen Sie als wichtigste Größe die Wertschöpfung des Unternehmens. Diese Zahl ist sinnvoller als der Umsatz, denn Sie können auf diese Weise starke Schwankungen, zum Beispiel bei Rohstoffpreisen, ausgleichen. Die Wertschöpfung Ihres Unternehmens entspricht dann der Anzahl der Kunden (Bestands- und Neukunden) multipliziert mit der durchschnittlichen Wertschöpfung pro Kunde. Anhand dieser Zahl können Sie Ihre strategische Vertriebssteuerung aufbauen. Daraus ergeben sich die drei wichtigsten Zahlen:

Neukundengewinnung

- Der Begriff Neukunden muss definiert werden, zum Beispiel als „Kunden, die in den letzten 24 Monaten keinen Umsatz getätigt haben".

131

Bestandskundenbindungsquote

○ Sie gibt an, wie viele Kunden aus dem Vorjahr im aktuellen Jahr als Kunden erhalten geblieben sind. Sie ergibt sich aus der Anzahl der Kunden des aktuellen Jahres aus dem Vorjahr, dividiert durch die Anzahl der Kunden des Vorjahres.

Wertschöpfung pro Kunde

Daneben sind alle anderen Zahlen wie Kundenzufriedenheitsindex, Kundenreklamationsquote, Anzahl aktiver Referenzen und Werbeerfolgsquote untergeordnete Werte, die sich in den drei oben genannten, wichtigsten Zahlen auswirken.

Mit Hilfe der Kennzahlen können Sie Ihren Umsatz planen, Ziele für die Vertriebsmitarbeiter definieren und kontrollieren. Sie können verschiedene Optionen darstellen und entscheiden, an welchem Hebel Sie ansetzen, um zum Beispiel den Umsatz zu erhöhen: Erhöhung des durchschnittlichen Umsatzes pro Kunde oder der Neukundenkontakte oder der Akquisitionserfolgsquote.

Der Weg zum Vertriebscockpit in fünf Schritten:

1. Vision und Strategie klären
2. Strategische Ziele definieren
3. Messgrößen bestimmen
4. Zielwerte abstimmen
5. Maßnahmen auswählen

Ein Vertriebscockpit bildet nicht nur die Vergangenheit ab, sondern unterstützt die Führung dabei, die Zukunft zu gestalten und planbar zu machen.

So planen Sie mit Kennzahlen

Ausgangssituation:

Umsatz 2018	= 13 Mio. €
Kunden 2018	= 65
Durchschnittl. Umsatz pro Kunde	= 200.000 €
Kundenbindungsquote	= 65 Prozent
Akquisitionserfolgsquote	= 33 Prozent

Planung:

Umsatzziel 2019	= 14,2 Mio. €
Umsatz pro Kunde 2019	= 210.000 €
Kundenbindungsquote	= 70 Prozent
Akquisitionserfolgsquote	= 33 Prozent

Wie viele Neukundenkontakte müssen bei den getroffenen Annahmen hergestellt werden?

Die Vertriebsverantwortlichen müssen sich jetzt fragen, ob dieses Ziel erreicht werden kann, und falls nicht, wo sie sonst ansetzen können, um das Umsatzziel zu erreichen.

$$\text{NEUKUNDENKONTAKTE} = \frac{(14.200.000\,€ : 210.000\,€) - (0{,}7 \times 65)}{0{,}33} =$$

Ziele kann man auch über den Deckungsbeitrag setzen. Nimmt man ein Umsatzziel von 240.000 Euro/Jahr an und geht von 20.000 Euro/Auftrag bei einem Deckungsbeitrag von 25 Prozent aus, muss der Vertriebsmitarbeiter pro Monat vier Aufträge schreiben. Bei einer Abschlussquote von 33 Prozent muss er dafür zwölf Angebote pro Monat machen.

TIPP

Lassen Sie Mitarbeiter Ziele eigenverantwortlich setzen.

Ins CRM integrieren

Kennzahlen oder ein Vertriebscockpit sollten idealerweise in das CRM-System integriert werden. Dafür gibt es Lösungen wie „MS Dynamics". Die Vertriebsmitarbeiter können damit jederzeit sehen, wo sie bei der Zielerreichung stehen. Die Transparenz erhöht sich und dadurch auch die Motivation.

RAUM FÜR IDEEN

 RAUM FÜR IDEEN

Element 10:

Leistungsbedingungen.
Identität und Sinn stiften.

Wie gut erfüllen unsere Führungskräfte ihre Vorbildfunktion?

Verfügbarkeit von wirksamen Tools

Erfolg entsteht, wenn motivierte und kompetente Mitarbeiter mit idealen Leistungsbedingungen durch überlegene Prozesse – schnell, individuell und qualitativ – mit dem besten Leistungs-Preis-Verhältnis die richtigen Kunden gewinnen, entwickeln und binden.

Wann ist ein Unternehmen attraktiv? Wann motiviert es seine Mitarbeiter zu ihrer besten Leistung? Acht Bedingungen sind dafür ausschlaggebend:

- Sinn und Identität des Unternehmens
- Vertrauenskultur
- Berechenbare Führung
- Handlungsspielräume
- Weiterbildung und Karrierechancen
- Life-Balance und Blending
- Gute Arbeitsbedingungen
- Relatives Einkommen

Menschen brauchen einen Sinn im Leben und in ihrer Arbeit. Finden sie keinen Sinn in ihrer Arbeit, schwinden Freude und Motivation, machen sie Dienst nach Vorschrift oder gehen in die innere Kündigung. Das schadet dem Unternehmen. Zusätzlich suchen Menschen in ihrer Arbeit

Gleichgesinnte. Gerade für die junge Generation geht es nicht mehr so sehr darum, viel Geld zu verdienen, sondern Freude zu haben an dem, was sie tun. Bietet ihnen ein Unternehmen Sinn und Identität, setzen sie sich ein. Einer der Knackpunkte dafür, ob ein Unternehmen ein attraktiver Arbeitgeber ist, für den man sich engagieren möchte, ist die Unternehmens- und damit die Führungskultur. Attraktive Unternehmen leben eine Vertrauenskultur: Für Führungskräfte bedeutet Vertrauen, loszulassen, dem Mitarbeiter Aufgaben anzuvertrauen und seine Fähigkeiten zu akzeptieren, das Prinzip der Selbstverantwortung zu leben. Wer nicht vertraut, kann nicht delegieren, sondern nur kontrollieren, kann keine Freiräume zulassen, sondern engt ein. Auf solchem Boden kann keine Leistung gedeihen. Vertrauen, Offenheit und Kommunikation sind die Säulen, auf denen eine gute Führung ruht. Wer heute A sagt und morgen B, wird nicht ernstgenommen. Wer in der Krise von den Mitarbeitern Verzicht fordert und für sich selbst einen neuen Audi A8 bestellt, wird unglaubwürdig. Wer Ja-Sager um sich versammelt, Lieblingskinder protegiert, Eigenverantwortung unterdrückt und Widerspruch als persönlichen Angriff auffasst, wird feststellen, dass das Unternehmen Schaden nimmt.

Eine gute Führungskraft ist für die Mitarbeiter in allen Belangen ein Vorbild. Erfüllt sie diese Rolle nicht, indem sie zum Beispiel Vertrauensbrüche begeht, Mitarbeiter geringschätzt oder eigene Fehler hinter Mitarbeitern versteckt, wird ihr das nur schwer verziehen. Führungskräfte sollten zu dem stehen, was sie propagieren. Das gilt ganz besonders für Werte. Führungskräfte, die Werte verkünden, aber sie selbst nicht vorleben, haben verloren.

Werden Sie vom Arbeitgeber zum Arbeitskraftnehmer

So wie der Verkäufermarkt längst zu einem Käufermarkt wurde, ist auch der Arbeitgeber zum Arbeitskraftnehmer geworden. Wer sein Unternehmen in die Zukunft führen möchte, sollte sich deshalb Gedanken darüber machen, unter welchen Bedingungen Menschen heute arbeiten möchten und welche Arbeitskraftgeber er braucht. Natürlich möchten Mitarbeiter heute ein angemessenes Gehalt, doch das ist oftmals der geringste ihrer Wünsche. Variable Arbeitszeiten und -orte, teamorientierte Führung, individuelle Weiterbildung und Entwicklungsmöglichkeiten, Familienfreundlichkeit, moderne Kommunikationsmittel, eine angenehme Arbeitsumgebung sowie Entscheidungs- und Handlungsspielräume sind weitere offensichtliche Wünsche. Viel wichtiger ist der Wunsch, mit Freude in einer Gruppe von Gleichgesinnten zu arbeiten.

Die alten hierarchischen Organisationen werden nicht nur für den Kunden zunehmend unattraktiv, sondern auch für den Arbeitnehmer. Neue Arbeitsweisen und Methoden werden Einzug halten. Wenn die Führung sich dieser Herausforderung nicht stellt und gestaltend eingreift, werden die Mitarbeiter das übernehmen. Das kann man jetzt schon beobachten. In manchen Unternehmen hat sich neben der offiziellen Kultur der Zusammenarbeit bereits eine neue entwickelt: Die Mitarbeiter nutzen eigene mobile Geräte, kommunizieren via Facebook und WhatsApp oder nutzen Software, die ihnen die Zusammenarbeit mit den Kollegen erleichtert. Diese neue Kultur entzieht sich oft dem Zugriff der Führungskräfte.

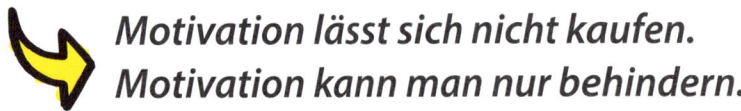

Motivation lässt sich nicht kaufen.
Motivation kann man nur behindern.

Ursache-Wirkungs-Zusammenhänge erkennen

Mit der Balanced Scorecard von Kaplan und Norton aus den 1990er-Jahren lässt sich darstellen, wie stark der Bereich Mitarbeiter/Führung auf die Finanzen eines Unternehmens wirkt. Die Ursache-Wirkungs-Zusammenhänge machen deutlich, dass letztlich ohne die Mitarbeiter überhaupt kein Unternehmenserfolg möglich ist. Ebenso wie Prozesse/Strukturen und Markt/Kunde wirken sie direkt auf die Unternehmensfinanzen, beeinflussen den Bereich Prozesse/Strukturen sowie Markt/Kunde. Die Mitarbeiter sind diejenigen, die die Unternehmensstrategie umsetzen. Wenn der Vertriebsmitarbeiter seine Ziele nicht kennt und annimmt, wird er kaum den richtigen Kunden gewinnen.

Erstellen Sie eine SWOT-Analyse

Bei der Erstellung eines Unternehmenscockpits müssen Sie sich intensiv mit den Ursache-Wirkungs-Zusammenhängen im Unternehmen befassen. Sie erkennen, wie das Unternehmen tatsächlich funktioniert. Sie lernen die Ursachen der Wirkungen kennen und erkennen so die Gründe für Erfolg oder Misserfolg. Eine Kennzahl alleine sagt noch nicht viel aus. An der Umsatzwachstumsrate können Sie lediglich sehen, ob die Wachstumsziele erreicht wurden oder nicht.

Doch die Ursachen dafür erkennen Sie erst, wenn Sie die Kausalkette bis hin zur Mitarbeiterperspektive verfolgen. Auf diese Weise lernen Sie, ganzheitlich im System zu denken, und ersparen sich von blindem Aktionismus getriebene Maßnahmen, die nichts nützen, weil sie nicht an den Wurzeln des Problems ansetzen.

Eine schnelle Alternative ist die SWOT-Analyse. Damit wissen Sie zumindest grob, wo Sie stehen. **SWOT** steht für **S**trengths (Stärken), **W**eaknesses (Schwächen), **O**pportunities (Chancen) und **T**hreats (Gefahren). Sie können die SWOT-Analyse für alle vier Bereiche (Finanzen, Prozesse, Markt/Kunde, Mitarbeiter/Führung) oder nur für einzelne Bereiche durchführen oder für den Vertrieb.

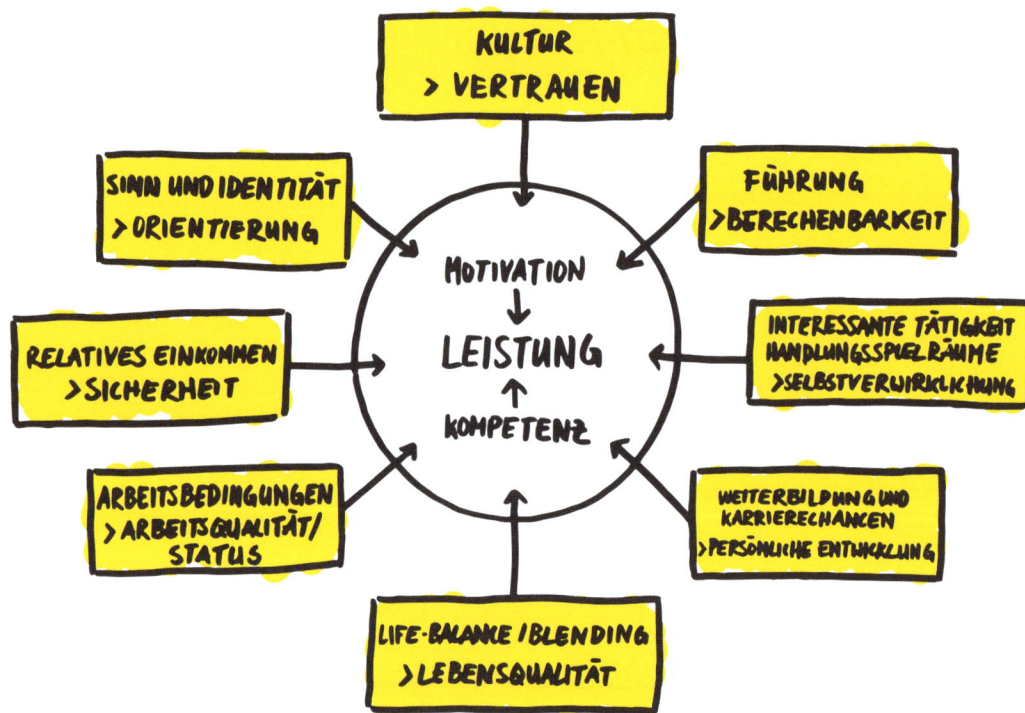

Die Leistung Ihrer Mitarbeiter wird von vielen unterschiedlichen Faktoren beeinflusst – Stellschrauben, an denen Sie entscheidend drehen können. Im Kern treffen die beiden wichtigsten aufeinander: Kompetenz und Motivation.

 RAUM FÜR IDEEN

 RAUM FÜR IDEEN

Element 11:

Anforderungsprofile.
Potenziale erkennen.

Wie finden und binden wir die richtigen Mitarbeiter für unser Unternehmen?

Der Baukasten für den idealen Vertriebsmitarbeiter

Gute Mitarbeiter sind schwer zu bekommen. Einen neuen Mitarbeiter zu finden und zu gewinnen kostet Zeit und Geld – ärgerlich, wenn es dann doch nicht der oder die Richtige ist. Eine der Grundvoraussetzungen, den richtigen Mitarbeiter zu finden, ist daher eine klare Definition der Kompetenzen, die Sie von einem Vertriebsmitarbeiter erwarten. Diese Definition unterstützt Sie jedoch nicht nur bei der Suche nach neuen Mitarbeitern, sondern auch bei der Entwicklung und dem richtigen Einsatz aller Mitarbeiter. Die wichtigste Frage, die Sie sich immer wieder stellen sollten, ist deshalb:

Was erwarten Sie von Ihren Vertriebsmitarbeitern?

Ein Anforderungsprofil, früher eine Stellenbeschreibung, sollte es für jeden Arbeitsplatz geben. Neben den formalen Dingen wie Vorgesetzte, Weisungsbefugnis, Vertretung etc. sollten vor allem die Ziele der Stelle, die wesentlichen Aufgaben, die Kompetenzen und Befugnisse beschrieben werden. Das kann in Stichworten geschehen, sollte aber möglichst genau sein. Bei Führungskräften sollten die Fach- und die Führungsaufgaben festgehalten werden.

Allerdings geht es niemals nur um die fachlichen Kompetenzen, sondern auch um die persönlichen und sozialen Kompetenzen der Kandidaten und Mitarbeiter, um ihre Motivation und ihre Werte. Unterschätzen Sie das Thema Werte nicht. Wenn der Mitarbeiter – für Führungskräfte gilt das noch mehr – nicht dieselben Werte hat wie die im Unternehmen gelebten Werte, sind Schwierigkeiten zu erwarten. Werte bedingen Regeln für Verhaltensweisen. Wenn sich jeder beliebig verhält und jeder anders misst, bleiben gemeinsame Werte auf der Strecke. Mehr dazu erfahren Sie bei Element 12.

Verlassen Sie sich bei der Einstellung von Mitarbeitern und auch bei der Entwicklung Ihrer Mitarbeiter nicht ausschließlich auf Ihren Bauch oder Gespräche. Kommunikation und Feedback sind ohne Zweifel äußerst wichtig, aber wissenschaftlich fundierte Methoden unterstützen vor allem in den Bereichen, in denen wir uns oft selbst nicht darüber klar sind, was uns eigentlich antreibt. Methoden, die Ihnen und Ihren Mitarbeitern dabei helfen, sich besser einzuschätzen und die richtigen Aufgaben anzustreben, gibt es viele, wie zum Beispiel „Insights".

Von **Insights** und dem „DISG-Modell" haben Sie bestimmt schon gehört. Wichtig sind aber auch die Motive, die uns antreiben, welche nicht veränderbar sind. Deshalb ist es sinnvoll, dass Sie wissen, was Sie persönlich und auch Ihre Mitarbeiter im Vertrieb antreibt. Insights unterscheidet prinzipiell sechs beruflich relevante Motive/Werte/Einstellungen und belegt sie mit Farben:

WERTE	GRUNDEINSTELLUNGEN	DAHIT VERBUNDEN
THEORETISCH	Ich werde meine kognitiven Fähigkeiten einsetzen, um zu verstehen, zu entdecken und die Wahrheit herauszufinden.	Frage nach dem Warum, Forscherdrang
ÖKONOMISCH	Jede Investition, die ich tätige, muss immer gewinn-bringend sein.	Geld und Sicherheit
ÄSTHETISCH	Ich werde die Form, Harmonie und Schönheit meines Umfelds genießen und anerkennen und sie in mein Leben integrieren.	Genuss, Design
SOZIAL	Ich werde alles daran setzen, dass andere ihr Potenzial im Leben erkennen.	Kein Eigennutz, soziales Denken und Handeln
INDIVIDUALISTISCH	Ich werde die höchste Position erreichen und die größte Macht ausüben.	Macht, Recht, Kontrolle
TRADITIONELL	Ich werde die Bedeutung des Lebens begreifen, ein Glaubenssystem finden, es verstehen lernen und danach leben.	Loyalität, Werte weiterge-ben, bewahren

Ein junger Mensch, dessen Werte überwiegend sozial sind, sollte also keinen ökonomischen (vertriebsorientierten) Beruf ergreifen. Er wird damit vermutlich nicht glücklich werden. Wenn der theoretisch eingestellte Mensch Ingenieur oder Techniker wird, wird er voraussichtlich Zufriedenheit im Beruf erreichen. Ein Techniker, dessen Grundmotivation ökonomisch ist, ist möglicherweise im technischen Vertrieb besser eingesetzt als in der Entwicklung.

Achtung:
Die Ergebnisse solcher Tests treffen keine Aussage darüber, ob ein Mitarbeiter „gut" oder „schlecht" ist. Profile, die aus den Insights-Instrumenten entstehen, sind auch keine „Typenlehre", sondern ermöglichen den Teilnehmern, ihr persönliches Potenzial zu erkennen, zu reflektieren und weiterzuentwickeln. Seien Sie vorsichtig damit, Menschen in Schubladen zu schieben. Die Eignung für eine bestimmte Aufgabe und das Entwicklungspotenzial eines Menschen sind von vielen Dingen abhängig.

 RAUM FÜR IDEEN

Auf ein Wort

Das gehört in ein Mitarbeitergespräch:

Mitarbeitersicht

○ Wie fühlt sich der Mitarbeiter im Unternehmen, ist er mit seiner Arbeit zufrieden, kann er sie zu seiner Zufriedenheit erfüllen?

Verhalten

○ Qualität der Arbeitsleistung, Verhalten in Bezug auf die Arbeitsleistung, Nutzen der Fähigkeiten

Persönliche Entwicklung

○ Ungenutzte Fähigkeiten, was sollte gefördert beziehungsweise verbessert werden, Weiterbildung und die Wünsche des Mitarbeiters, konkrete Weiterbildungs- und Fördermaßnahmen

Zielvereinbarung

○ Ziele, Maßnahmen, Termine, Zielerreichungskriterien

In vielen Unternehmen gibt es Regeln für die jährlichen oder halbjährlichen Mitarbeitergespräche und für Feedback-Gespräche. Doch Kommunikation findet immer statt. Im Team, im spontanen oder anberaumten Einzelgespräch, im Flur, an der Maschine – es gibt viele Gelegenheiten. Seien Sie sich bewusst, dass es bei jedem Gespräch eine Sach- und eine Beziehungsebene gibt. Wenn es auf der Beziehungsebene ein Okay-Gefühl gibt, findet man für jedes Problem eine Lösung. Gibt es dieses Okay-Gefühl nicht, sucht man in jeder Lösung ein Problem. Man kann einiges tun, um die Kommunikation mit anderen Menschen zu verbessern. Die wichtigste Maßnahme ist, dem anderen zuzuhören, genau hinzuhören.

Mit sechs Regeln zum besseren Gespräch:

1 Beschreiben statt bewerten

2 Problemorientiert statt kontrollierend

3 Authentisch statt strategisch

4 Einfühlend statt neutral

5 Gleichberechtigt statt überlegen

6 Improvisierend statt formal

RAUM FÜR IDEEN

Element 12:

Kultur. Bedürfnisse verstehen.

Welche Werte definieren unser Denken und Handeln, individuell und als Team?

Es geht nicht darum, was wir verkaufen, sondern wie!

Werte und ein gemeinsames Wertesystem spielen in Unternehmen, speziell in Familienunternehmen, eine große Rolle. Auf den gemeinsamen Werten basiert die Unternehmenskultur. Sie bestimmt das Verhalten. Damit Ziele erreicht werden können, brauchen Sie einen „Verhaltenscodex", den die Führungskräfte beispielhaft vorleben.

 *„Wer ein Unternehmen erfolgreich führen will, davon bin ich fest überzeugt, der braucht ein paar Grundsätze, zu denen er auch in schwierigen Zeiten steht und die er nicht jeden Tag neu in den Wind hängt."*

Wendelin Wiedeking (ehem. Vorstandsvorsitzender Porsche AG)

Es gibt keine Werte, die für jedes Unternehmen gelten können. Werte müssen individuell entwickelt werden und es muss Einverständnis über sie herrschen. Aus den Werten werden Regeln für die entsprechenden Verhaltensweisen abgeleitet. Entscheidend ist, dass sie für alle gelten und von allen gelebt werden. Sobald die kommunizierten Werte nicht mit den tatsächlich gelebten Verhaltensweisen übereinstimmen, werden sie von den Mitarbeitern ignoriert. Leben die Führungskräfte die propagierten Werte nicht, schwindet der Respekt der Mitarbeiter, denn

Führungskräfte sind immer Vorbilder. Sie werden besonders genau beobachtet. Sie werden an ihren Taten und ihrem tatsächlichen Verhalten gemessen, nicht an dem, was sie sagen. Abweichungen werden von den Mitarbeitern seismografisch registriert und nur sehr bedingt toleriert.

In manchen Unternehmen gibt es hehre Werte, die am schwarzen Brett hängen, in jeder Unternehmensbroschüre und auf der Website veröffentlicht werden. Doch das war es dann auch schon. Gelebt werden die Werte nicht, vor allem nicht von der Führung. Bei den Mitarbeitern machen sich in solchen Unternehmen Enttäuschung und Zynismus breit. Werte sind in solchen Fällen ein Versprechen, das nicht gehalten wird.

Wir sind pünktlich

Die Pünktlichkeit ist in vielen Unternehmen ein grundlegender Wert – auf dem Papier und nicht für jeden. Besprechungen fangen nicht pünktlich an, Aufgaben werden ohne Konsequenzen nicht in der geplanten Zeit erledigt, die Chefs kommen immer zu spät. Die Mitarbeiter registrieren das ganz genau und nehmen Pünktlichkeit auch nicht mehr ernst. Neue Mitarbeiter bekommen gleich erklärt, was Sache ist: „Reg' dich nicht auf, die fangen doch sowieso erst 30 Minuten später an." Wenn der Chef selbst nie pünktlich ist, kann er andere für ihre Unpünktlichkeit nicht rügen. Er wird zum Opfer seines eigenen Fehlverhaltens.

Wir gehen respektvoll miteinander um

Vorgesetzte, die einen Befehlston an sich haben oder sogar ihre Mitarbeiter anbrüllen, konterkarieren solch einen Anspruch und dürfen sich nicht wundern, wenn sich im gesamten Unternehmen ein rauer Umgangston breitmacht. Unternehmer, die bei ihren Führungskräften diesen Umgangston wahrnehmen und nicht einschreiten, lassen ihre Mitarbeiter im Stich. Sie signalisieren ebenso wie die Führungskräfte, die sich so verhalten, Desinteresse und mangelnde Wertschätzung für ihre Mitarbeiter.

Reform beginnt an der Spitze.
Die Treppe muss von oben gekehrt werden.

Hermann Simon (Deutscher Wirtschaftswissenschaftler)

Seit 2001 gibt es den Gallup Engagement Index. Die Studie untersucht, wie hoch der Grad der emotionalen Bindung von Mitarbeitern an ihren Arbeitgeber ist und damit ihr Engagement und die Motivation bei der Arbeit. Die Ergebnisse sind seit Jahren niederschmetternd. Nur 16 Prozent der Mitarbeiter hatten 2015 eine hohe emotionale Bindung an das Unternehmen, in dem sie arbeiten. Sie sind diejenigen, die hochmotiviert, mit Herz und Verstand, die Extrameile für ihre Firma gehen. Ebenso viele hatten gar keine Bindung an das Unternehmen, und die große Mehrheit, nämlich 68 Prozent, hatten nur eine geringe emotionale Bindung. Das bedeutet, dass der Großteil der Mitarbeiter seinen „Job macht", sozusagen „Dienst nach Vorschrift" schiebt und sein volles Potenzial gar nicht einsetzt. Dabei sind sie nicht glücklich. Marco Nink von Gallup hält das Problem für hausgemacht: „Nach wie vor adressieren Führungskräfte nicht die zentralen Bedürfnisse von Mitarbeitern." Und die hat Gallup auch identifiziert: „Wenn ein Mitarbeiter neu in einem Unternehmen anfängt, ist er zunächst hochmotiviert. Werden seine Bedürfnisse am Arbeitsplatz – beispielsweise konstruktives Feedback, Lob und Anerkennung für gute Arbeit oder die Einbindung in Entscheidungen – konsequent vernachlässigt, sinkt die emotionale Bindung bis hin zur inneren Kündigung. Die meisten dieser Faktoren werden von der direkten Führungskraft beeinflusst", sagt Nink. Führungsfehler addieren sich auf diese Weise zu hohen Verlusten.

Diese Ergebnisse verdeutlichen eindrucksvoll die Vorbildfunktion von Führungskräften. Sie sind diejenigen, die den größten Einfluss auf das Mitarbeiterverhalten haben. Bei einem Unternehmen, das weder Sinn, noch Identifikation bietet, muss/will man nicht arbeiten. In solchen Unternehmen geht ein Teil der Mitarbeiter in die innere Kündigung, viele jammern und richten sich ein und die guten Mitarbeiter kündigen. Ein funktionierendes Wertesystem resultiert dagegen in Vertrauen und Respekt.

 TO-DO

Sorgen Sie für verbindliche Regeln und Verhaltensziele

- Wie möchten Sie in Ihrem Unternehmen miteinander umgehen?
- Wie sehen die gemeinsamen Werte aus?
- Welches Verhalten ist relevant, damit Sie Ihre Ziele erreichen?
- Was gestaltet sich schwierig?
- Was soll sich ändern?

Für Regelübertretungen und falsche Verhaltensweisen muss es Konsequenzen geben, sonst sind sie sinnlos.

Die Dosis macht das Gift

Jeder von uns bewegt sich mit seinen Werten in dem so genannten Werteentwicklungsquadrat. Es basiert auf der Annahme, dass jedem Wert ein positiver Schwesterwert gegenübersteht, die beide von einer entwertenden Übertreibung bedroht werden. Wenn unser Wert beispielsweise Sparsamkeit ist, geht mit ihm sein positiver Schwesterwert Großzügigkeit einher. Bedroht werden sie von Geiz und Verschwendung. Das Feld, in dem sich unsere eigenen Werte befinden, nennen wir Heimatfeld, übertreiben wir, geraten wir in das Gefahrenfeld. Der Schwesterwert sitzt im Entwicklungsfeld, seine negative Ausprägung (im Beispiel: Verschwendung) sitzt im Angstfeld. Es muss eine Balance zwischen Wert und Schwesterwert bestehen, ansonsten wird der Wert einseitig überspitzt wahrgenommen.

Wenn Sie die Werte in Ihrem Unternehmen auf diese Weise betrachten, verstehen Sie Ihren eigenen Antrieb und den Ihrer Mitarbeiter besser.

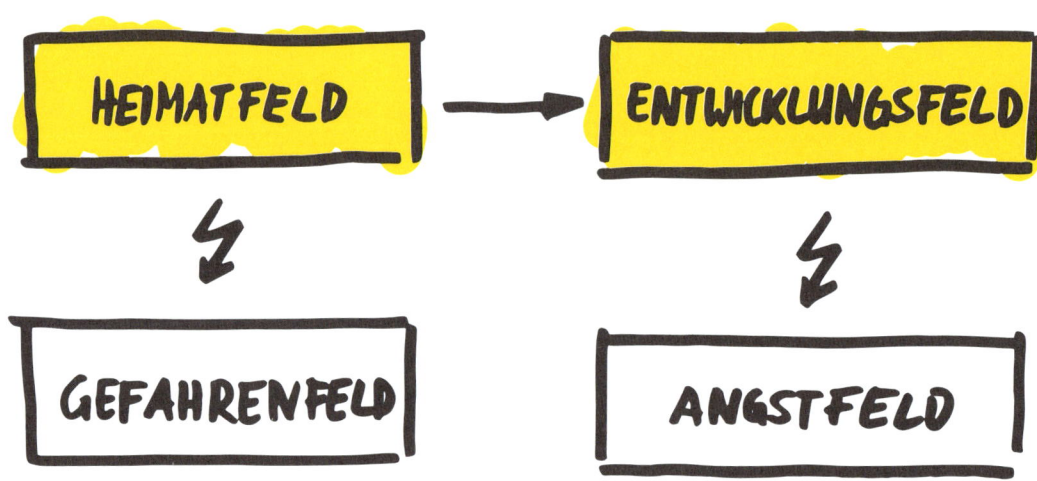

Im Heimatfeld ist Ihr Unternehmenswert festgehalten. Das Entwicklungsfeld beheimatet den Schwesterwert. Gefahren- und Angstfeld beinhalten hingegen Übertreibungen ins Negative (z.B. offen > indiskret oder flexibel > prinzipienlos).

TO-DO

Erstellen Sie ein Wertequadrat

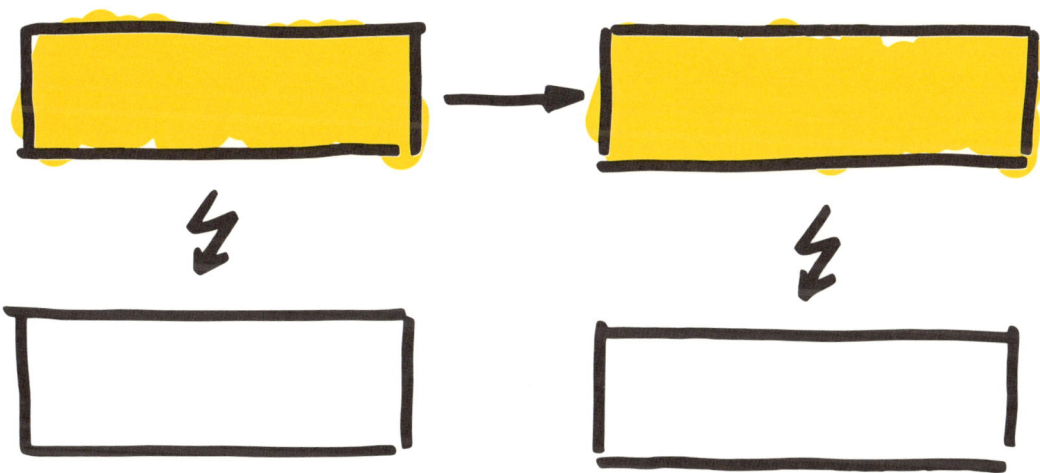

Erstellen Sie Ihr eigenes Wertequadrat, indem Sie Ihre eigenen Unternehmenswerte ins Heimatfeld eintragen und die jeweiligen Schwesterwerte und Übertreibungen für Werte und Schwesterwerte ergänzen.

VERHALTENSZIELE AM BEISPIEL DES WEISSMAN.INSTITUTS

GEFAHRENFELD	HEIMATFELD	BALANCE	ENTWICKLUNGSFELD	ANGSTFELD
verbissen	ergebnisorientiert		gelassen	ziellos
autoritär	verantwortungs-bewusst		delegierend	gleichgültig
abgehoben	ideenreich		realistisch	mutlos
detailverliebt	lösungsorientiert		pragmatisch	unbeweglich
pedantisch	methodisch		flexibel	unstrukturiert
aufgesetzt	überzeugend		authentisch	langweilig
neugierig	offen		zurückhaltend	distanziert
aufdringlich	unterstützend		selbstständig	egoistisch

 TO-DO

DEFINIEREN SIE DIE VERHALTENSZIELE FÜR IHR UNTERNEHMEN

GEFAHRENFELD	HEIMATFELD	B A L A N C E	ENTWICKLUNGSFELD	ANGSTFELD

Bereich
Mitarbeiter im Vertrieb

Der Kompass für Vertriebsmitarbeiter

In den diesem Bereich zugehörigen Elementen geht es um folgende Fragen:

- Kennen die Mitarbeiter ihre Ziele und sind diese realistisch?
- Wie sollen unsere Vertriebsmitarbeiter beim Kunden wahrgenommen werden?
- Werden unsere Vertriebsmitarbeiter nach definierten Anforderungsprofilen individuell weiter entwickelt?
- Verhalten sich die Vertriebsmitarbeiter beim Kunden engagiert und adressatengerecht?

Die Mitarbeiter im Vertrieb spielen eine wichtige Rolle. Ihr Handeln trägt direkt zum Unternehmenserfolg bei. Sie müssen nicht nur die eigenen Zielvorgaben kennen, verstehen und akzeptieren, sondern auch ihre Kunden und deren Ziele kennen, verstehen und unterstützen. Um ihre Aufgaben erfolgreich zu erfüllen, müssen sich die Vertriebsmitarbeiter über die Unternehmensstrategie und ihre daraus resultierende Rolle im Klaren sein. Die Führungskräfte müssen ihnen dabei Orientierung geben und sie dabei unterstützen, ihre Ziele zu erreichen und sich weiterzuentwickeln.

 RAUM FÜR IDEEN

Element 13:

Ziele. Umsetzung und Messbarkeit.

Ist unsere Strategie für jeden einzelnen Mitarbeiter verständlich?

Realität vs. Wunschtraum: Sind Ihre Zielvorgaben umsetzbar?

Viele Unternehmen befassen sich heute mit Strategie. Sie entwickeln eine Vision, aus der sie die Unternehmensziele und ihre Strategie ableiten. Daraus werden strategische Projekte und Maßnahmen abgeleitet. Und das war es dann oft. Die Strategie scheitert an der Umsetzung. Doch erst die tatsächliche Umsetzung einer Strategie zieht den Unternehmenserfolg nach sich. Die strategische Stoßrichtung muss in präzise Aktions- und Zeitpläne mit Verantwortlichen heruntergebrochen werden. Es geht um die Beantwortung der Fragen:

- Wer macht was?
- Mit wem?
- Wann und wo?

Die Umsetzung der Strategie übersetzt die strategischen Ziele ins operative Geschäft, und genau hier hakt es. Als Vertriebsverantwortlicher haben Sie hier eine Kommunikations- und Informationspflicht.

Werden Sie konkret

Für die Mitarbeiter bleibt die Unternehmensstrategie oft ebenso abstrakt wie die Vision. Sie schwebt irgendwo im Raum und betrifft die Mitarbeiter subjektiv eigentlich nicht. Das ist der Grund, weshalb Strategien in der Regel an ihrer Umsetzung scheitern. Deshalb muss die Strategie heruntergebrochen werden bis zum einzelnen Mitarbeiter. Für jede Abteilung, jede Gruppe, jedes Team, jeden Mitarbeiter muss die Zielsetzung klar sein. Nur so kann die Strategie mit dem operativen Geschäft verbunden werden und wirken.

Ihre Aufgabe als Führungskraft:

Setzen Sie Ziele und kontrollieren Sie die Zielerreichung. Bringen Sie die Ziele mit der Strategie in Zusammenhang. Zielvereinbarungen sind das Instrument, mit dem Sie die Unternehmensziele über Bereichs-, Abteilungs- und Teamziele auf jeden einzelnen Mitarbeiter übertragen. Beschreiben Sie den zu erreichenden Zustand mit klaren, messbaren Leistungsparametern – machen Sie Ziele machbar, messbar und motivierend.

 TO-DO

Setzen Sie realistische Ziele

Wir kennen es alle. Manchmal sehen wir uns Aufgaben gegenüber, die uns überfordern oder unterfordern. Wenn wir überfordert sind, werden wir unsicher und zweifeln an unseren Möglichkeiten. Wir haben Angst, die Aufgaben nicht zu bewältigen beziehungsweise die uns gesetzten Ziele nicht zu erreichen. Wer Angst hat, kann nicht mehr klar denken.

Mitarbeiter, die ständig überfordert sind, haben überhaupt keine Chance, ihre Ziele zu erreichen, und werden im schlimmsten Fall krank. Sind wir unterfordert, langweilen wir uns, wir fühlen uns ausgebremst und sind frustriert. Deshalb gilt immer:

Es bedarf realistischer Zielvorgaben, sonst ist keine Leistung möglich.

Eine Zielvorgabe darf niemals einen realistischen Korridor verlassen. Bei Verlassen besteht die Gefahr, einen Zustand von Überforderung, Stress und Frust (Burnout) einerseits oder Langeweile, Lethargie (Boreout) andererseits zu erreichen. Die realistische Zielvorgabe entsteht, wenn unsere Fähigkeiten mit der Anforderung harmonieren, sie uns fordert, aber nicht über- oder unterfordert. Wir müssen uns anstrengen, aber nicht überanstrengen. In diesem Korridor empfinden wir Glück, wir widmen uns ganz unserer Aufgabe und empfinden Stolz und Zufriedenheit, wenn wir sie gelöst haben. Der Psychologe Mihaly Csikszentmihalyi beschrieb diesen Zustand als „Flow". Bestimmt kennen Sie das: Sie arbeiten an etwas Kniffligem, sind völlig darin vertieft, vergessen alles um sich herum. Im Zustand des Flow entstehen überragende Leistungen.

Oft sind es die „Stillen", diejenigen, die „nie Ärger machen", die in den Burnout geraten. Sie übernehmen häufig jede Aufgabe, die ihnen auferlegt wird, ohne zu murren, und lösen sie immer sehr gut. Sie sind morgens die ersten, abends die letzten, machen kaum Pausen und beklagen sich nie. Als Führungskraft haben Sie immer alle Hände voll zu tun, sind froh, wenn es funktioniert, und kümmern sich deshalb um solche Mitarbeiter wenig. Aber es gilt: Der Krug geht so lange zum Brunnen, bis er bricht. Als Führungskraft haben Sie die Pflicht, die Leistungsfähigkeit Ihrer Mitarbeiter zu erhalten. Kümmern Sie sich nicht nur um diejenigen, die „trommeln", sondern auch um die Stillen.

Hohe Ansprüche an Führungskräfte

- Führen mit Zielen ist keine einfache Sache.
- Es müssen die richtigen Ziele gesetzt werden.
- Die Ergebnisse müssen systematisch evaluiert werden.
- Der Grad der Zielerreichung muss bestimmt werden.
- Die Qualität der Leistung muss beurteilt werden.
- Die Mitarbeiter müssen die Ziele verstehen und akzeptieren.
- Die Mitarbeiter sollen motiviert werden.

Für Führungskräfte ist der Zielvereinbarungsprozess eine zeitintensive Aufgabe, die sich aber lohnt. Er bringt Mehrwert für Unternehmen und Mitarbeiter. Die Mitarbeiter wissen genau, woran sie sind, was von ihnen erwartet wird. Nur so können sie eine optimale Leistung erbringen. Nehmen Sie sich Zeit dafür. Schlechte Zielvereinbarungen sind demotivierend, lösen Frustration aus und haben eine distanzierende Wirkung auf den Mitarbeiter. Gute Zielvereinbarungen leisten einen wichtigen Beitrag zur Umsetzung der Strategie. Zielvereinbarungen sind die Roadmap zur Strategieumsetzung.

Die SMART-Regel hilft Ihnen dabei, wirksame Ziele zu setzen.

SMART steht für

SPECIFIC – das Ziel sollte spezifisch und abgestimmt auf die strategischen Ziele sein.

MEASURABLE – das Ziel sollte messbar sein.

ACHIEVABLE – das Ziel sollte ausführbar, erreichbar und attraktiv sein.

REALISTIC – das Ziel sollte realistisch, aber herausfordernd sein.

TIMELY – das Ziel sollte innerhalb eines klaren zeitlichen Rahmens erreicht werden. Bei längerfristigen Zielen können Meilensteine gesetzt werden.

Sich Ziele zu setzen, ist grundsätzlich gut und wichtig. Doch oft werden Ziele vorgegeben, die gar keine sind. Die SMART-Regel hilft Ihnen, echte Ziele von verkleideten Aktivitäten zu unterscheiden.

 TO-DO

Überprüfen Sie Ihre Ziele mit der SMART-Regel

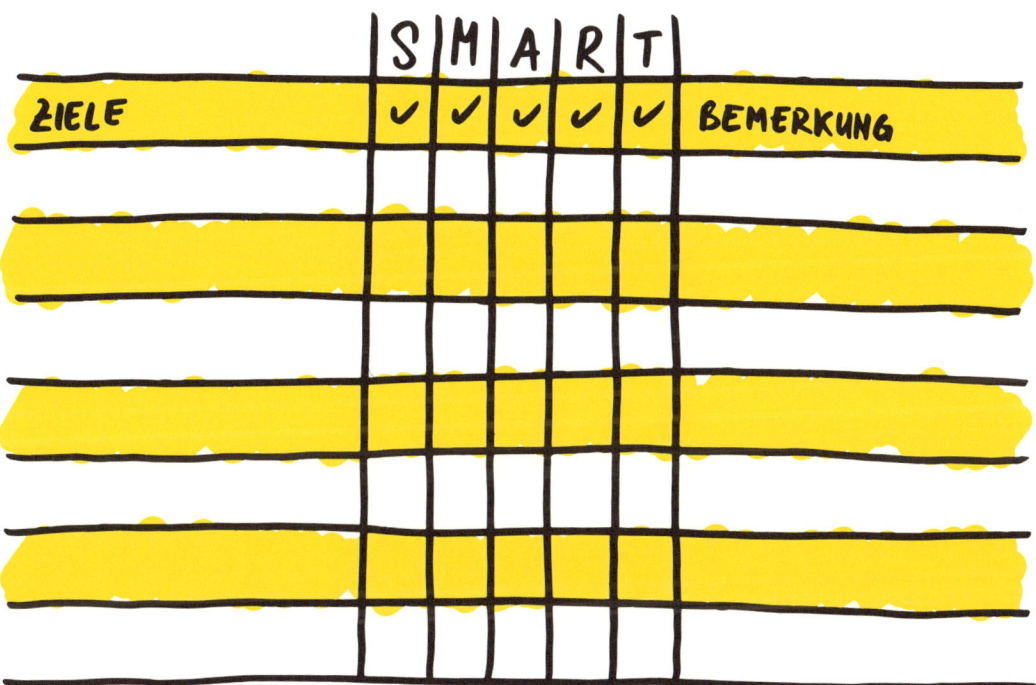

ZIELE	S	M	A	R	T	BEMERKUNG
	✔	✔	✔	✔	✔	

Überprüfen Sie Ihre gesetzten oder vermeintlichen Ziele mit Hilfe der SMART-Regel auf ihren Gehalt.
Scheuen Sie sich nicht, „unechte" Ziele zu streichen oder neu zu definieren. Wie so oft gilt: Weniger ist mehr.

 RAUM FÜR IDEEN

Element 14:

Autorität und Identität.
Die innere Haltung stärken.

Unterstützt unser Leitbild jeden Mitarbeiter auf dem Weg zum Ziel?

Du bist, was du denkst

Hier geht es um die Art und Weise, wie der Vertriebsmitarbeiter beim Kunden wahrgenommen werden soll/will, und damit um sein Selbstverständnis.

Wer Leistung fordert, muss Sinn bieten

Menschen müssen einen Sinn in ihrem Tun erkennen. Arbeit macht einen sehr großen und wichtigen Teil unseres Lebens aus. Wenn wir darin keinen Sinn erkennen können, wenn wir nicht stolz auf unsere Leistung sind, können wir uns nicht motivieren. Wir tun das, was nötig ist, um den Arbeitsplatz nicht zu verlieren, und richten unsere Energie auf andere Dinge, zum Beispiel ein Hobby, in denen wir mehr Sinn erkennen. Wer in die innere Kündigung geht, ist nicht faul oder desinteressiert, sondern sieht keinen Sinn in seinem Tun. Sein Bedürfnis nach Wichtigkeit, Beachtung und Wertschätzung wird nicht erfüllt. Das passiert in Unternehmen, in denen eine Kultur des Misstrauens herrscht, geprägt durch Kontrolle und wenig Entscheidungsfreiheit. Wer jedoch Sinn in seiner Arbeit sieht, tut sie gerne und mit Begeisterung. Er zeigt Initiative und Energie, ist einfallsreich und einsatzbereit. Die Wertschätzung und das Vertrauen, die ihm entgegengebracht werden, beflügeln ihn. „Die Motivation der Menschen wächst mit der Verantwortung, die man ihnen überträgt", ist Unternehmer Thomas Burger überzeugt. „Nur Mitarbeiter mit einer positiven Einstellung zum Unternehmen können es nach außen, gegenüber Kunden, Lieferanten und anderen Gruppen auch so darstellen und vertreten", sagt Unternehmer Dr. H. Werner Utz.

Setzen Sie auf die Strahlkraft des Unternehmensleitbilds

Unternehmen, die Sinn bieten, setzen damit Motivation und Energie frei, die zu Leistung führen. Daraus entstehen Erfolg und Wert. Das Unternehmensleitbild soll dem Unternehmen und dem Tun der Mitarbeiter Sinn geben, ihr Grundbedürfnis nach Zugehörigkeit und Wachstum befriedigen und im Rahmen eines Wertesystems und der Unternehmenskultur Emotion schaffen, Motivation und Begeisterung fördern.

Die Strategie beantwortet die Frage: Gehen wir den richtigen Weg?
Das Unternehmensleitbild gibt Antwort auf die Frage: Gehen wir den Weg richtig?

- Das Leitbild beschreibt Unternehmenszweck und -ziele sowie Verhaltensgrundsätze nach innen und außen.
- Es zeigt, wie künftige Ziele erreicht werden sollen.
- Es spiegelt die Unternehmenskultur und das Wertesystem des Unternehmens wider.
- Es bietet die Chance, sich vom Wettbewerb zu differenzieren.
- Es unterstützt die Unternehmensführung.
- Im Idealfall löst das Leitbild bei den Mitarbeitern Begeisterung aus.
- Am Leitbild müssen sich Ziele und Entscheidungen orientieren.
- Jeder Mitarbeiter muss sich in ihm wiederfinden.

Ein Leitbild, das seinen Namen verdient, muss unter Einbeziehung aller Mitarbeiter oder ihrer Vertreter entwickelt werden. Mitarbeiter können keinem Leitbild folgen, an dessen Entwicklung sie keinen Anteil hatten. Sie können keine Visionen verwirklichen, die nicht die ihren sind. Bei der Umsetzung des Leitbilds und der Verankerung im Unternehmen sind insbesondere die Führungskräfte gefragt.

Das **Unternehmensleitbild** besteht aus den Elementen Mission, Vision und Werte. Zusammen geben sie dem Unternehmen Kraft und Energie, um Höchstleistungen zu erzielen.

Die **Mission** ist das Nutzenversprechen, bietet Sinn, und zeigt den Beitrag, den das Unternehmen für Kunden, Markt und die Gesellschaft leistet. Die Mission drückt aus, weshalb es das Unternehmen gibt. Hier einige **Beispiele:**

Google:
„To organize the world's information and make it universally accessible and useful."

WeissmanGruppe:
„Wir stärken Familienunternehmen in ihrer Zukunftsfähigkeit und Unternehmensentwicklung, um sie exzellent auszurichten."

Ossen:
„Wir bieten unseren Kunden die Grundlage, ihre Lebensziele zu verwirklichen."

Fressnapf:
„Wir geben alles dafür, das Zusammenleben von Mensch und Tier einfacher, besser und glücklicher zu machen."

Infra Fürth:
„Mit persönlichem Einsatz und Kompetenz entwickelt die infra intelligente und einfache Lösungen für ein sorgenfreies und sicheres Leben in der Region."

Prüfrex:
„Als innovativer Impulsgeber begleiten wir die internationalen Marktführer mit unserer Entwicklungs- und Fertigungskompetenz zu den besten Produkten im Wettbewerb."

Die **Vision** ist die Unternehmensidentität, ein begeisterndes Bild der Zukunft, ein geistiges Bild von dem, was ein Unternehmen erreichen will. Sie gibt dem Unternehmen Zukunft und Richtung, hat die Kraft, zu Höchstleistungen zu motivieren, und ist die Leitlinie, an der alle Maßnahmen ausgerichtet werden können. Die Vision baut ebenso wie die Werte auf der Mission auf.

Beispiele:

WeissmanGruppe: „Wir sind der qualitativ führende Experte im Bereich der strategischen Unternehmensentwicklung für Familienunternehmen in Deutschland, Österreich, der Schweiz und in Italien!"

Prüfrex: „Wir sind die weltweite Nr. 1 für die Steuerungs-Intelligenz von Verbrennungs- und Elektromotoren. Unsere Innovationen entlasten die Umwelt und tragen weltweit zu mehr Lebenskomfort bei."

Das dritte Standbein des Leitbilds sind die **Werte**, Grundlage für Stolz und Identität. Sie definieren, wie wir die Dinge tun. Werte bestimmen die Unternehmenskultur. Werte sind auf Dauer angelegt und dürfen nicht nur aufgeschrieben, sondern müssen tatsächlich und täglich gelebt werden. Das gilt für die Mitarbeiter ebenso wie für die Führungskräfte.

Beispiel:

Unser Verhalten, unsere Werte.
Wir sind
o offen und engagiert,
o zielorientiert und verantwortungsbewusst,
o innovativ und mutig.

Unsere Führungsaufgaben:
Wir
o entwickeln, kommunizieren und kontrollieren sinnvolle Ziele,
o schaffen die für die Aufgabenerfüllung erforderlichen Rahmenbedingungen,
o greifen Konflikte auf, lösen und/oder entscheiden sie, und
o bewerten und lenken konsequent die Leistung unserer Mitarbeiter.

(Mehr zum Thema Werte finden Sie in Element 12 „Kultur".)

Ermutigen Sie dazu, Win-win-Situationen herzustellen

Das Leitbild unterstützt Mitarbeiter und Führungskräfte dabei, die richtige innere Haltung zu entwickeln und daraus Motivation und Energie zu ziehen. Vertriebsmitarbeiter werden noch in vielen Unternehmen darauf getrimmt, Umsatz zu erzielen auf Teufel komm raus. Das führt dazu, dass sie häufig unabhängig vom Unternehmensleitbild agieren und oft auch den Kunden aus den Augen verlieren beziehungsweise das Nutzenversprechen.

 ## *Nutzen bieten, Nutzen ernten.*

Diese Maxime sollte Grundlage der inneren Haltung der Vertriebsmitarbeiter sein. Damit werden nicht nur die Kunden glücklicher, sondern auch die Vertriebsmitarbeiter. Sie sind dann nicht mehr diejenigen, die einen Kunden über den Tisch ziehen müssen, um Umsatzziele zu erreichen, sondern ein Partner, der dem Kunden in einem fairen Prozess gute Lösungen anbietet. Das Vertriebsgespräch wird zu einem Austausch auf Augenhöhe, der für beide Seiten Nutzen bringt.

Natürlich ist das Ziel des Vertriebsmitarbeiters ein Abschluss, doch nicht um jeden Preis. Ziel sollte immer ein Abschluss sein, der dazu führt, dass beide Seiten zufrieden sind und wieder zusammenarbeiten möchten und können: zwei Gewinner statt ein Verlierer und ein Sieger. Das Win-win-Denken ist Grundlage und Voraussetzung für die entscheidenden Erfolgsfaktoren der Zukunft.

Wenn man keinen Nutzen stiftet, ist man ein Dieb.

Die Unternehmensvision – drei Beispiele:

infra: Wir sind die Taktgeber für ein lebendiges Fürth.
Picard: Meine Lieblingsmarke mit Tradition.
Barth: Wir sind die Hopfen-Experten für den besten Biergeschmack weltweit.

GIBT SINN

↑

VISION LEBEN

↑

MISSION VERSTEHEN

↑

FASZINATION

 TO-DO

Formulieren Sie Ihre Unternehmensvision

 RAUM FÜR IDEEN

Element 15:

Kompetenzentwicklung. Individualität ist Trumpf.

Wie gut kennen wir die Stärken und Schwächen unserer Mitarbeiter?

Individuelles und regel-
mäßiges Trainingsprogramm

In Element 11 ging es um die Anforderungen an die Vertriebsmitarbeiter und um die Frage, ob diese definiert und transparent sind. In diesem Element stellen wir uns die Frage, ob die Vertriebsmitarbeiter nach definierten Anforderungsprofilen individuell weiterentwickelt werden. Wenn Sie diese Frage noch mit „Nein" beantworten müssen, sollten Sie daran schnellstmöglich arbeiten.

Wissen hat heute eine Halbwertszeit von maximal zwei Jahren, in manchen Bereichen wie der IT sogar weniger. Schon allein diese Tatsache zeigt, dass alle Mitarbeiter regelmäßig weitergebildet und geschult werden müssen. Ziel sollte die jährliche Weiterbildung sein, halbjährlich wäre angemessen, vor allem im Falle von Veränderungen im Arbeitsgebiet oder im Arbeitsumfeld.

 TO-DO

Erstellen Sie ein Kompetenzentwicklungsprogramm

Es sollte ein individuelles und regelmäßiges Trainingsprogramm für alle Mitarbeiter geben. Dabei ist Kontinuität oberstes Gebot. Um an den richtigen Stellen anzusetzen, sollten als erstes die vorhandenen Kompetenzen gemessen werden. Nur dann ist eine gezielte Weiterbildung möglich.

Verwechseln Sie Kompetenzentwicklung nicht mit Schulung. Auf ein neues CRM-System kann geschult werden, Entscheidungsstärke muss entwickelt werden.

Zur Kompetenzmessung können Sie verschiedene Ansätze verfolgen.

Assess-Kompetenzprofil

Bei dieser Methode werden Kompetenzen wie zielorientierte Führung, Kommunikationsstärke, Kundenorientierung, Entscheidungsstärke, ergebnisorientiertes Handeln, Beziehungsmanagement, Überzeugungskraft und Einflussnahme, Verhandlungsführung etc. gemessen. Auf einer Skala werden die prozentualen Ergebnisse eingetragen. Als Faustregel gilt, dass Mitarbeiter mit Ergebnissen unter 25 Prozent im betreffenden Feld nicht entwickelbar sind. Werden 25 bis 75 Prozent erreicht, sind diese Felder entwicklungsfähig, Weiterbildung ist also sinnvoll und wünschenswert. Ab 75 Prozent geht man von guten Kompetenzen aus. Liegt ein Mitarbeiter in einem Feld unter 25 Prozent, bedeutet dies keineswegs, dass er oder sie abgeschrieben werden muss. Man sollte jedoch darüber nachdenken, ob der Mitarbeiter am richtigen Platz ist, und seine Kompetenzen mit dem Anforderungsprofil für diesen Arbeitsplatz abgleichen. Möglicherweise kann er an einem anderen Arbeitsplatz seine Kompetenzen viel besser einsetzen.

Mitarbeitergespräch

Über die Führung von Mitarbeitergesprächen finden Sie Informationen und Vorschläge in Element 11. Die wichtigste Grundregel für ein Mitarbeitergespräch ist: Der Mitarbeiter redet – er sollte das Gespräch zu mindestens 51 Prozent bestreiten. Als Vorgesetzter sollten Sie vor allem zuhören, nachfragen und klären, das heißt, sicherstellen, dass Sie ihn richtig verstanden haben. Im Mitarbeitergespräch werden aus den Messergebnissen direkt Maßnahmen zur Entwicklung/Weiterbildung in Form der Zielvereinbarung abgeleitet.

Ein solches Gespräch sollte verschiedene Bereiche abdecken:

Mitarbeitersicht

○ Dabei geht es um die persönliche Sicht des Mitarbeiters auf das Unternehmen und seine Rolle darin. Mögliche Fragen sind zum Beispiel:

Fühle ich mich im Unternehmen wohl?

Pflegen wir einen angenehmen Umgang miteinander?

Werde ich gefördert?

Verhalten

○ Hier wird das definierte Verhalten aus dem Leitbild durch den Mitarbeiter selbst und durch den Vorgesetzten beurteilt, zum Beispiel durch Schulnoten. Man kann diesen Block unterteilen nach Qualität der Arbeitsleistung (Verwertbarkeit der Arbeitsergebnisse, Umsetzungsstärke, …), Verhalten in Bezug auf die Arbeitsleistung (Arbeitsorganisation, Selbstständigkeit, Zuverlässigkeit, …) und Nutzen der Fähigkeiten (Kreativität, Wirtschaftlichkeitsdenken, …).

Zielvereinbarung

○ Hier sollten die Erkenntnisse aus den Blöcken Mitarbeitersicht und Verhalten einfließen.

Kompetenz/persönliche Entwicklung

○ Es gilt im Wesentlichen, vier Bereiche zu erfassen:

1. Persönliche Fähigkeiten, Interessen und Neigungen, die in der aktuellen Aufgabe nicht genutzt werden.
2. Kenntnisse und Fähigkeiten, die gefördert beziehungsweise verbessert werden sollten.
3. Welche Weiterbildungsmaßnahmen sinnvoll und gewünscht sind.
4. Konkrete Maßnahmen zur Förderung des Mitarbeiters. Diese sollten ebenfalls Eingang in die Zielvereinbarung finden.

360-Grad-Feedback

Bei dieser Messung fließen die Bewertungen durch den Mitarbeiter selbst, der Vorgesetzten, der Kollegen und anderer Mitarbeiter ein und werden zu einer Gesamtbewertung zusammengefasst. Dabei werden ähnliche Kompetenzen wie im Assess-Kompetenzprofil bewertet.

Nach der Messung muss die Bewertung der Ergebnisse erfolgen und ein entsprechender Maßnahmenkatalog erarbeitet werden, um den Mitarbeiter systematisch zu entwickeln. Ob Sie das inhouse mit eigenen oder externen Trainern machen, in externen Seminaren, in Form von Coaching oder in Transfergruppen/Zirkeln, bleibt Ihnen überlassen. Allerdings sollte sich die Wahl des geeigneten Formats an der Art der Weiterbildung orientieren. Bei manchen Weiterbildungsthemen wie Führung ist es mitunter von Vorteil, wenn zum externen Seminar ein individuelles Coaching/kollegialer Austausch dazu kommt, in dem die Teilnehmer die Gelegenheit haben zu reflektieren oder sich mit unternehmensfremden Teilnehmern auszutauschen. Ein Moderations- und Präsentationstraining eignet sich gut für ein Inhouse-Seminar.

Natürlich müssen die Erfolge der Weiterbildungsmaßnahmen regelmäßig gemessen werden, damit Kontinuität in der Entwicklung gewährleistet ist.

 *Wer einzeln arbeitet, addiert.*
Wer zusammenarbeitet, multipliziert.

Betrachten Sie die Kompetenzentwicklung niemals nur isoliert auf den einzelnen Mitarbeiter. Das Vertriebsteam kann nur dann funktionieren, wenn es zusammenarbeitet und wenn die Qualifikation der einzelnen Mitarbeiter an der Unternehmensstrategie und den Unternehmenszielen ausgerichtet wird. Qualifizierungsmaßnahmen müssen strategiekonform stattfinden.

Mit dem **Teamkompetenzmodell** werden die Kompetenzanforderungen, die sich aus der Unternehmensstrategie ergeben, auf die Abteilungsebene heruntergebrochen: Welche Kompetenzen benötigt die Abteilung oder das Team heute und in Zukunft, um die Strategie optimal umsetzen zu können?

Zuerst werden die relevanten Kompetenzfelder erfasst. Anschließend wird jeder Mitarbeiter der Abteilung hinsichtlich seiner vorhandenen Kompetenz im einzelnen Kompetenzfeld bewertet. Dafür empfehlen sich drei Kategorien: Einsteiger, Anwender und Experte. Im nächsten Schritt werden die Kompetenzbewertungen aller Mitarbeiter übereinandergelegt. Auf diese Weise erkennen Sie das Ist-Kompetenzprofil der Abteilung. Beim Vergleich von Ist- und Soll-Kompetenzen werden die Lücken deutlich. Daraus können Sie den Entwicklungsbedarf der Abteilung ableiten und daraus wiederum die Entwicklungsmaßnahmen für die einzelnen Mitarbeiter.

Mitarbeiterentwicklung ist ein Muss

Überall ist vom lebenslangen Lernen die Rede. Trotzdem betreiben viele Unternehmen keine systematische und kontinuierliche Mitarbeiterentwicklung. Natürlich kostet Weiterbildung Geld und die Mitarbeiter sind während der Weiterbildung nicht für das Tagesgeschäft verfügbar. Doch wenn Sie auf die Entwicklung Ihrer Mitarbeiter verzichten, fügen Sie dem Unternehmen Schaden zu. Die richtige Qualifikation und Kompetenz der Mitarbeiter hat großen Einfluss auf ihre Zufriedenheit, ihre Leistungsfähigkeit und ihren Leistungswillen und damit auf die Wertschöpfung.

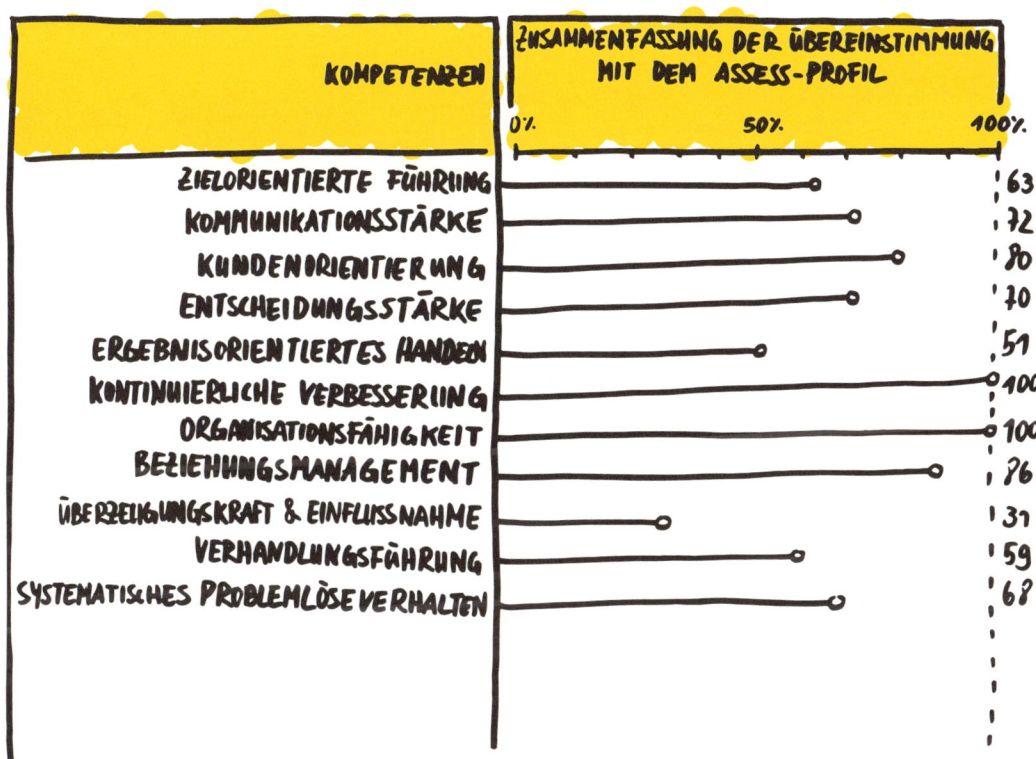

KOMPETENZEN	ZUSAMMENFASSUNG DER ÜBEREINSTIMMUNG MIT DEM ASSESS-PROFIL	
	0% 50% 100%	
ZIELORIENTIERTE FÜHRUNG		63
KOMMUNIKATIONSSTÄRKE		72
KUNDENORIENTIERUNG		80
ENTSCHEIDUNGSSTÄRKE		70
ERGEBNISORIENTIERTES HANDELN		51
KONTINUIERLICHE VERBESSERUNG		100
ORGANISATIONSFÄHIGKEIT		100
BEZIEHUNGSMANAGEMENT		86
ÜBERZEUGUNGSKRAFT & EINFLUSSNAHME		37
VERHANDLUNGSFÜHRUNG		59
SYSTEMATISCHES PROBLEMLÖSEVERHALTEN		68

Das Assess-Kompetenzprofil gibt Aufschluss darüber, wo die Stärken und Schwächen Ihrer Mitarbeiter liegen, wo Förderung nötig und sinnvoll ist und ob sie sich am richtigen Platz in Ihrem Unternehmen befinden.

 RAUM FÜR IDEEN

Element 16:

Verhalten.
Kundenwünsche kennen.

Kennen wir die Erfahrungen,
Abneigungen und
Vorlieben unserer Kunden?

Sprechen Sie Kunde?

Kennen Sie die Marktschreier auf den Jahrmärkten oder auf dem Hamburger Fischmarkt? Die Leute kaufen dort, weil es unterhaltsam ist und es meistens um kleinere Beträge geht. Ein Firmeneinkäufer, der 10.000, 100.000 oder auch mehr Euro ausgeben will, braucht mit Sicherheit keinen „Marktschreier". Andererseits zählen auch im B2B-Bereich Emotionen, vor allem aber Vertrauen. Wenn der Kunde den Eindruck hat, er wird manipuliert, nicht ernst genommen, ist nur eine Geldkuh, dann wird er nicht kaufen. Was tun?

 *„Zu oft beschäftigen sich die großen Chefs mit ihren eigenen Visionen anstatt mit denen ihrer Kunden."*

Hans-Olaf Henkel, Ex-BDI-Präsident

Die zielgerichtete Erstansprache des Kunden sollte zu einem besseren Verständnis der Kundenwünsche führen. Dadurch kann der Kundennutzen deutlicher herausgearbeitet und dargestellt werden. Die Kundenorientierung wird größer, die Kundenbeziehung wird stärker. Das führt zu mehr Umsatz und mehr Erfolg.

Keine Frage, der Entscheider soll die Vorteile des Produkts/der Dienstleistung erkennen. Doch die Erfolge des großspurig auftretenden Hardsellers, der ohne Punkt und Komma sein Produkt/ seine Dienstleistung anpreist, sind meistens Eintagsfliegen. Es gelingt ihm nur selten, Vertrauen aufzubauen, doch Vertrauen ist eines der wichtigsten Elemente in der Kundenbeziehung. Gute Verkäufer hören genau hin. Sie stellen Fragen und sind erst zufrieden, wenn sie genau wissen, was der Kunde braucht. Nur dann können sie ihn überzeugen und ihm adäquate Lösungen mit einem hohen Nutzen anbieten.

Deshalb sollte sich jeder Vertriebschef fragen: Verhalten sich unsere Vertriebsmitarbeiter beim Kunden engagiert und adressatengerecht?

In jeder Beziehung zwischen zwei Menschen, auch in der zwischen Käufer und Verkäufer, geht es um Emotionen, um die eigenen ebenso wie um die fremden. Es gibt Erwartungen, frühere Erfahrungen, persönliche Abneigungen und Vorlieben. Das alles spiegelt sich in der Körpersprache, der Stimme und unserer Wortwahl wieder. Für Vertriebsmitarbeiter, die vor Ort beim Kunden auftreten, ist es zwingend nötig, sich selbst und den Gesprächspartner zu reflektieren. Das befähigt den Mitarbeiter, adressatengerecht aufzutreten, und erhöht seine Chancen auf einen Abschluss. Es geht um die Frage: „Womit geht es dem Kunden gut?"

Sich selbst und andere erkennen

In der Neurolinguistik geht man davon aus, dass sich beim Aufbau von Vertrauen die beteiligten Personen im „Rapport" befinden. Darunter versteht man, dass Körpersprache, Mimik und Stimme der beteiligten Personen sehr ähnlich sind – nach NLP der Grund dafür, dass sich die Beteiligten unbewusst vertrauen. Diese Erkenntnis macht sich das DISG-Modell zunutze. Nach dem Modell der US-Psychologen William Marston und John Geier gibt es vier Persönlichkeitstypen: D steht für dominant, I für initiativ, S für stetig und G für gewissenhaft. Die vier Typen existieren in Mischformen mit unterschiedlichen Verhaltensmustern. Keiner der vier Typen existiert in Reinform. Jeder Mensch ist eine Mischform, aber es hilft, wenn man weiß, wer man selbst ist und wer der andere.

Das DiSG®-Modell wird in einem Kreis farbig dargestellt. In der rechten Kreishälfte sind die eher extrovertierten Menschen (dominant und initiativ) zu finden, in der Linken die introvertierten (gewissenhaft und stetig). Jeder Typ erhält ein Viertel des Kreises. In jedem Viertel gibt es Variationen des jeweiligen Typs. Zum Beispiel können sich im Feld „dominant" neben dem „Direktor" durchaus auch „Reformer" und „Motivatoren" tummeln. Insgesamt gibt es 60 Kombinationsfelder. Die Stelle, an der Vertriebsmitarbeiter und Kunde im Kreis verortet werden, gibt Auskunft darüber, ob sie in der Lage sind, schnell eine gute und vertrauensvolle Beziehung aufzubauen. Der Vertriebsmitarbeiter weiß, worauf er sich gefasst machen muss und wo seine Schwächen in diesem Kundengespräch liegen werden.

Ein Beispiel:

Der gewissenhafte Typ ist in der Körpersprache distanziert und kühl, er spricht eher monoton, ruhig, langsam und nachdenklich. Er hält sich in seiner Sprache an Fakten und vermittelt Sicherheit. Der initiative Typ hat eine offene, fröhliche und ausdrucksstarke Körpersprache, spricht begeistert, locker, laut und schnell. Seine Worte sind gekennzeichnet durch Spaß und Aufregung. Während der Gewissenhafte eher auf der introvertierten Hälfte des Kreises verortet ist, liegt der Initiative im extrovertierten Feld. Gehen wir davon aus, dass der Vertriebsmitarbeiter zum initiativen Typ gehört, muss er vermutlich aufpassen, sich etwas zurücknehmen, damit der Gewissenhafte nicht das Gefühl hat, überrollt zu werden. Wenn er sein Gegenüber spiegelt, sich also ähnlich verhält, dürfte es ihm leichter fallen, Vertrauen aufzubauen.

 TO-DO

Bereiten Sie Kundengespräche systematisch vor

Die Einschätzung des Gesprächspartners mit Hilfe des DISG-Modells unterstützt den Vertriebsmitarbeiter dabei, das Gespräch vorzubereiten. Es empfiehlt sich, Kundengespräche mit einem Gesprächsleitfaden vorzubereiten, um adressatengerechtes Handeln sicherzustellen. Dabei kann das CRM nützlich sein.

Leitfaden für das Kundengespräch

 **Bestandsaufnahme Kunde**
- Kontaktdaten, Kundengruppe, Kundenpotenzial, Umsatzzahlen, Kundenbeziehung …

 Gesprächsziel
- Zentrales Thema des Kunden, Ziel des Vertriebsmitarbeiters, angestrebter Gewinn

 Kundentypologie
- Zum Beispiel mit dem DISG-Modell
- Was kann schwierig werden?
- Was wird positiv laufen?

 Fragenkatalog
- Geschlossene und offene Fragen
- Auf geschlossene Fragen erhalten Sie die Antworten ja, nein oder weiß nicht. Sie eignen sich, um schnell abzufragen, wie das Unternehmen des Kunden funktioniert und was ihm wichtig ist, zum Beispiel eine schnelle und transparente Abwicklung oder Beratung und Verkaufsunterstützung. Bei den offenen Fragen (W-Fragen), die weder mit nein noch mit ja beantwortet werden können, geht es um die spezifischen Kundenprobleme und -erwartungen.

 Nutzenargumente
- Welche entscheidenden Vorteile können Sie auf der Produktebene, der produktbegleitenden und der emotionalen Ebene bieten? Listen Sie das passende Sortiment, das Dienstleistungsportfolio und den Zusatznutzen auf, die für diesen Kunden infrage kommen könnten.

 Vereinbarung
- Was ist zu tun? Welche Schritte sind dabei nützlich? Wann sollte es erledigt sein? Wann ist der nächste Gesprächstermin?

Ein standardisierter Leitfaden, der vom Vertriebsmitarbeiter ausgefüllt und hinterlegt wird, führt zu strukturierten und effizienten Kundengesprächen, gibt den Mitarbeitern größere Sicherheit und vermeidet im Falle von Krankheit oder Kündigung, dass der nachfolgende Mitarbeiter von vorne anfängt. Wenn die Komplexität von außen wächst, ist es notwendig, sie nach innen zu reduzieren.

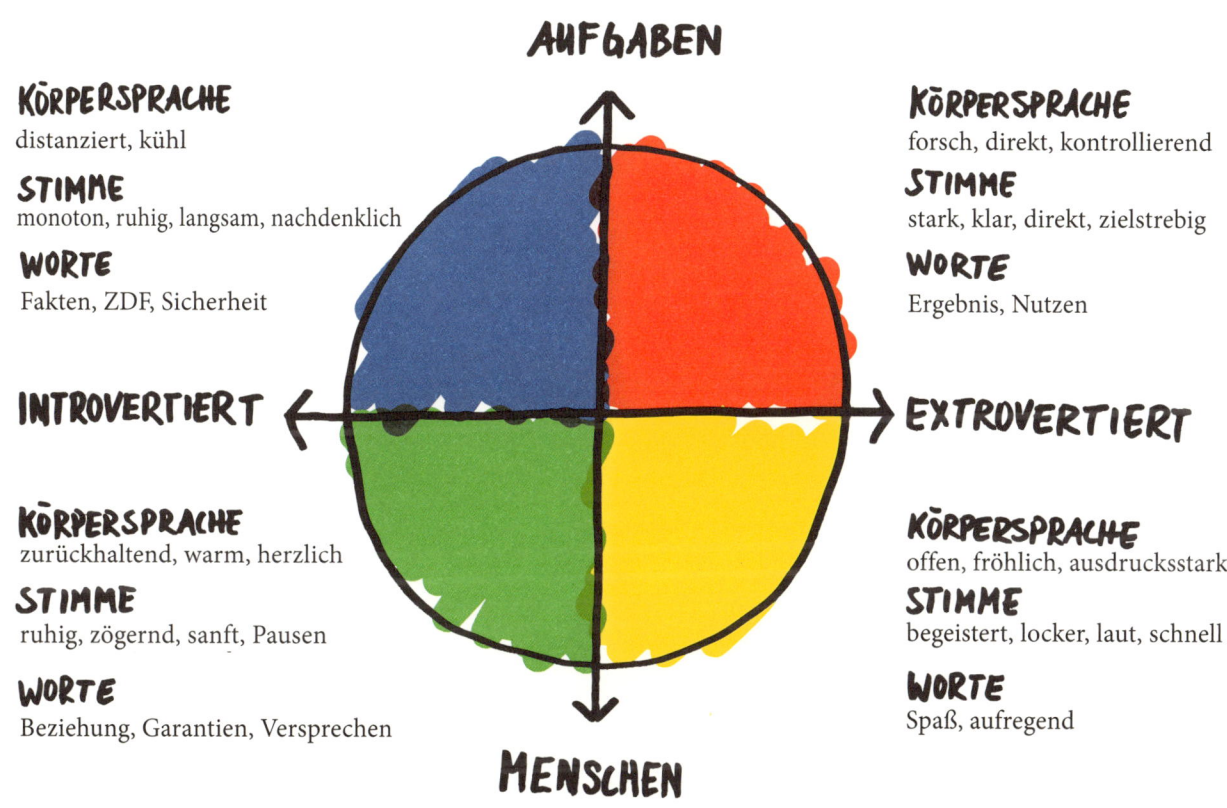

AUFGABEN

KÖRPERSPRACHE
distanziert, kühl

STIMME
monoton, ruhig, langsam, nachdenklich

WORTE
Fakten, ZDF, Sicherheit

KÖRPERSPRACHE
forsch, direkt, kontrollierend

STIMME
stark, klar, direkt, zielstrebig

WORTE
Ergebnis, Nutzen

INTROVERTIERT ← → **EXTROVERTIERT**

KÖRPERSPRACHE
zurückhaltend, warm, herzlich

STIMME
ruhig, zögernd, sanft, Pausen

WORTE
Beziehung, Garantien, Versprechen

KÖRPERSPRACHE
offen, fröhlich, ausdrucksstark

STIMME
begeistert, locker, laut, schnell

WORTE
Spaß, aufregend

MENSCHEN

Das DiSG®-Modell wird seit über 30 Jahren in der Geschäftswelt eingesetzt. Mehr als 50 Millionen Menschen haben das Tool bereits genutzt, um ihre Kommunikation, Teamarbeit und Führungskräfteentwicklung zu optimieren.

Quickcheck
für den Vertrieb

„Vertrieb 2.0":
Arbeiten mit der Ampel

Sie haben alle 16 Elemente für eine wirksame Vertriebsstrategie kennengelernt und Methoden an die Hand bekommen, die Ihnen dabei helfen, Ihren Vertrieb strategiekonform aufzustellen und ihn den veränderten Marktbedingungen anzupassen. Durch die Arbeit in diesem Workbook haben Sie einen Überblick darüber erhalten, wo Sie möglicherweise schon gut aufgestellt sind und woran Sie noch arbeiten müssen. Mit dem Ampel-Tableau, bestehend aus den 16 Elementen, können Sie wie in einem Cockpit den Stand Ihres Projekts „Vertrieb 2.0" messen und verfolgen.

QUICKCHECK FÜR UNTERNEHMEN

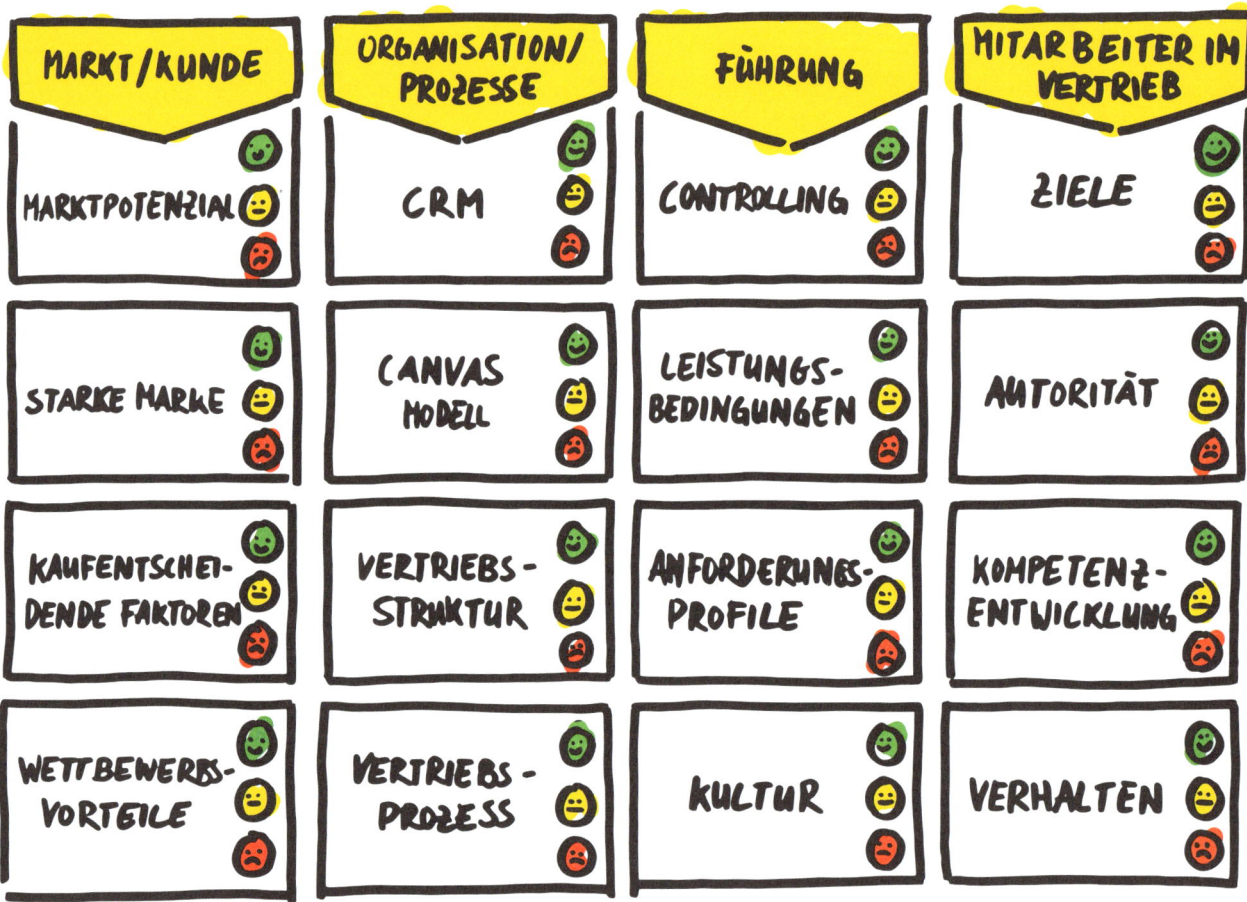

Wie ist es um Ihr Unternehmen bestellt, wenn es um Kunden, Prozesse, Führung und Mitarbeiter geht? Der Quickcheck gibt Ihnen nach dem Ampel-Prinzip schnell und übersichtlich Aufschluss, damit Sie weiterhin Vollgas geben können.

 RAUM FÜR IDEEN

Vertriebsstrategie bedeutet Veränderung

In vielen Unternehmen gibt es keine Vertriebsstrategie. Es wird verkauft, egal wie – Hauptsache Umsatz. Wenn Sie in Ihrem Unternehmen eine Vertriebsstrategie entwickeln möchten, werden Sie mit Sicherheit auf Widerstand stoßen. Erfahrungsgemäß werden vor allem altgediente Vertriebsmitarbeiter ablehnend reagieren. Häufig sind sie der Meinung, dass sie „ihre" Kunden genau kennen und wissen, wie diese ticken. Sie möchten draußen beim Kunden sein, Abschlüsse erzielen und nicht „diskutieren". Deshalb ist es wichtig, dass Sie als Chef den Veränderungsprozess unterstützen und eng begleiten. Zum einen sollten Sie natürlich kommunizieren, weshalb eine Vertriebsstrategie nötig ist und welchen Nutzen sie dem Unternehmen und den Vertriebsmitarbeitern bringt. Zum anderen sollten Sie sich aber bewusst sein, dass jede Veränderung Emotionen nach oben spült, die nicht ignoriert werden dürfen.

Die alten Haudegen haben vielleicht Angst, dass sie nicht mehr mithalten können, dass sie den neuen Anforderungen nicht gewachsen sind. Manche mögen sich um Ihre Provisionen sorgen. Besonders wenn bisher fleißig Rabatte gewährt wurden, um Abschlüsse zu erzielen, wird es schwer werden, die Mitarbeiter zu überzeugen. Diese Ängste gilt es anzusprechen. Veränderungen, die nur per Befehl von oben durchgesetzt werden, sind in der Regel nicht nachhaltig. Sie werden ignoriert und unterlaufen, wo immer möglich.

Kommunikation ist Pflicht

Kommunikation ist in einem Veränderungsprozess (und das ist ein Strategieprozess) einer der wichtigsten Aspekte. Veränderungsprozesse scheitern meistens an mangelhafter, falscher oder ungenügender Kommunikation von oben nach unten. Negativer Flurfunk im Unternehmen ist hausgemacht. Er ist eine Folge falscher oder fehlender Information. Fragen Sie sich, was sich für das Vertriebsteam und die einzelnen Personen verändern wird. Es geht nicht darum, ob eine Veränderung groß oder klein ist. Wie Veränderungen empfunden werden, hängt von der Struktur der jeweiligen Person ab. Ein Großteil aller Widerstände entsteht, wie bereits gesagt, weil Mitarbeiter nicht wissen, was sie tun sollen, und deshalb Angst haben. Angst lässt sich nicht abschalten. Nehmen Sie Ängste ernst und sprechen Sie darüber. Dabei geht es nicht darum zu versichern, dass „alles gut wird", sondern um Ehrlichkeit, Verständnis und Vertrauen. Es geht darum, eine Atmosphäre des Aufbruchs (wir schaffen das) herzustellen, gemeinsam ein leuchtendes Bild der Zukunft zu entwerfen.

Verwendete Literatur

Weissman, Arnold (2013): Erfolgreich im Familienunternehmen. Freiburg: Haufe.

May, Peter (2012): Erfolgsmodell Familienunternehmen. Hamburg: Murmann.

Schultheiss, Björn; Hippach, Joachim; Mandat, Michael (2007): Die Marke strategisch führen. Nürnberg: Weissman.

Pellny, Michael; Schmelcher, Jill; Beinlich, Anna (2014): Führungskompetenz. Erlangen: Publicis.

Weissman, Arnold; Augsten, Tobias; Artmann, Alexander (2012): Das Unternehmenscockpit. Wiesbaden: Gabler.

Schlusswort

Sie haben auf den vergangenen Seiten die 16 Elemente einer wirksamen Vertriebsstrategie kennengelernt und sich vielleicht sogar schon die ersten Gedanken und Notizen gemacht. Das ist hervorragend, denn mit der letzten Seite ist dieses Buch nicht beendet. Nutzen Sie das Workbook als das, was es ist: ein hilfreiches Tool für die tägliche Vertriebspraxis. Lesen Sie es immer wieder, arbeiten Sie damit, streichen Sie an, schreiben Sie hinein, teilen Sie Ihre Erkenntnisse mit Ihren Kollegen. Besonders für das Aufdecken von Stärken und Schwächen gilt: Seien Sie dabei ehrlich zu sich selbst. Ziehen Sie die Elemente für sich heraus, die Sie in unmittelbare Maßnahmen übersetzen können, und entwerfen Sie für die restlichen einen konkreten Fahrplan, den Sie konsequent mit Ihrem Team umsetzen.
Die Erfolgsstorys erfolgreicher Familienunternehmen sollen Sie dazu inspirieren, Ihre Einzigartigkeit und Vision als Kundenproblemlöser zu finden und zu entwickeln. Nutzen Sie die neu gewonnenen Impulse, um Ihren Vertrieb stark für die Zukunft zu machen.

Wir wünschen Ihnen dabei viele kreative Stunden, immer wiederkehrende Aha-Momente und vor allem Freude am Blick über den Tellerrand.

Ihr Michael Pellny & Claudius Bähr

 RAUM FÜR IDEEN